dtv
Reihe Hanser

Die Medien sind voll von atemberaubenden Weltraumereignissen: In der Nähe unseres eigenen Sonnensystems beobachten Wissenschaftler die Entstehung eines Planeten, der eine andere Sonne umkreist. Auf dem Mars werden Hinweise auf erstmals vorhandenes Wasser gefunden.

Dieses Buch erklärt die Zusammenhänge, um all die Nachrichten verstehen zu können. Spannend und unterhaltsam erzählt Gerhard Staguhn von der Geburt und vom Sterben der Sterne, von Planeten, Asteroiden, dem Urknall und nicht zuletzt von den vielen Zufällen, die dazu führten, dass die Welt so ist wie sie ist.

Gerhard Staguhn, 1952 in Bayern geboren, studierte Germanistik und Religionswissenschaft und lebt heute als freier Autor mit Frau und Sohn in Berlin. Mit dem Buch ›Das Lachen Gottes‹, das auch in den USA ein Erfolg war, wurde er als fesselnd erzählender, leicht verständlich schreibender Sachbuchautor bekannt.

Gerhard Staguhn

Die Rätsel des Universums

Mit 16 Farbtafeln

Deutscher Taschenbuch Verlag

Hera zum Gedenken

Neu überarbeitete Ausgabe
In neuer Rechtschreibung
Dezember 2001
Deutscher Taschenbuch Verlag GmbH & Co. KG,
München
www.dtv.de
© 1998 Carl Hanser Verlag, München · Wien
Umschlagbild: Peter Hassiepen
Satz und Lithos: Fotosatz Reinhard Amann, Aichstetten
Gesetzt aus der Bembo 11/13,5˙ (QuarkXPress)
Druck und Bindung: Kösel, Kempten
Gedruckt auf säurefreiem, chlorfrei gebleichtem Papier
Printed in Germany · ISBN 3-423-62079-X

Inhalt

»Wir hatten den Himmel da droben, übersät mit Sternen,
und legten uns oft auf den Rücken und schauten zu ihnen hinauf
und unterhielten uns darüber, ob sie erschaffen
oder nur zufällig da wären.«

(Mark Twain, Huckleberry Finn)

Die Welt ist eine Täuschung

Die Welt ist eine Täuschung. Alles ist Erscheinung. Die Dinge, die wir wahrnehmen, erkennen wir nicht in ihrem wahren Wesen. Wir sehen die Wirklichkeit nicht so, wie sie ist. Wir können unseren Augen nicht trauen. Die Welt ist nichts anderes als unsere Vorstellung von ihr. Die Welt ändert sich, weil sich die Vorstellungen von ihr verändern. Die Welt ändert sich, weil sich unser Wissen von der Welt verändert. Und doch bleibt die sich ständig verändernde Welt immer die Gleiche.

Nehmen wir einen x-beliebigen Gegenstand, zum Beispiel einen Apfel. Wir sehen seine Form, seine Größe, seine Färbung. Wir spüren sein Gewicht in unserer Hand. Wir nehmen seinen Geruch wahr, wenn wir ihn an die Nase halten, seinen Geschmack, wenn wir hineinbeißen. Aber haben wir damit das wahre Wesen dieses einen Apfels – und der Äpfel schlechthin – erkannt? Gewiss nicht. Wir wissen nichts von der Entstehung des Apfels, ebenso wenig von den elementaren Bestandteilen, aus denen er aufgebaut ist und die wir Moleküle und Atome nennen.

Der Apfel, der aus einer Apfelblüte hervorgeht, der reift und fault, ist ein Teil der Wirklichkeit, ein Teil des Universums. Wollte ich einen Apfel vollständig beschreiben, so müsste ich letztlich die ganze Welt beschreiben. Doch weil die Welt rätselhaft ist und nicht bis ins Letzte zu ergründen, bleibt auch ein Apfel rätselhaft. Wir nehmen ihn mit unseren Sinnen wahr, doch damit noch längst nicht mit unserem Verstand. Die Moleküle, aus denen sich der Apfel zusammensetzt, und erst recht die Atome, aus denen sich wiederum die Moleküle zusammenfügen, sind Elemente aus einer ganz anderen Welt. Zu dieser anderen, verborgenen Welt haben unsere Sinne keinen Zugang; sie erschließt sich uns allein über den Verstand. Der Apfel reift und fault. Die Apfelatome tun das nicht. Das wahre Wesen der Welt – und der Dinge in ihr – muss erst ergründet werden. Zu diesem Zweck haben wir die Wissenschaften.

Dass die Welt eine Täuschung ist, hat damit zu tun, dass unsere Wahrnehmung der Welt äußerst begrenzt ist. Wir sehen den Apfel, aber nicht die Apfelmoleküle und Apfelatome. Hätten wir andere

Sinne als die, die wir haben, so hätten wir auch ein anderes Bild von einem Apfel und ein anderes Bild von der Welt.

Die Geschichte der Naturwissenschaft ist die Geschichte einer Zerstörung. Seit bald dreitausend Jahren zerstört die Naturwissenschaft unerbittlich eine Welt: die Welt des Augenscheins. Gleichzeitig erschafft sie eine neue Welt: die Welt der Physik, Chemie, Biologie und so weiter. Neben die geschaute Welt tritt die gewusste Welt.

Die Zerstörung des Augenscheins ist längst nicht abgeschlossen. Sie geht so lange weiter, wie die Wissenschaften sich weiterentwickeln. Wer weiß, wie der Mensch in tausend Jahren die Welt sehen wird!

Die Naturwissenschaft ist ein uralter Traum: dass alles, was in der Welt ist, als solches auch durchdringend erkennbar sei. Durchdringend muss diese Erkenntnis sein, denn alle Täuschungen sollen durchschaut werden. Die letzte Wahrheit hinter dem Schein soll erkannt werden.

Das ganze Universum, im Großen wie im Kleinen, scheint darauf angelegt zu sein, den Beobachter zu täuschen und in die Irre zu führen. Der Schöpfer scheint ein besonderes Vergnügen daran zu haben, uns hinters Licht zu führen, also ins Dunkel. Er will nicht, dass wir seine Welt auf den ersten Blick verstehen. Es ist, als verstecke sich der Schöpfer selbst hinter seiner Schöpfung. Und damit dies funktioniert, muss es eine ungeheuer komplizierte Welt sein. Bleibt die Frage, wieso sich Gott eigentlich vor uns verstecken muss? Hat er Angst, dass uns sein Anblick enttäuschen könnte?

Wohin wir auch schauen – überall trügt der Schein. Man nehme nur die Erde, auf der wir uns befinden. Wer hat schon, wenn er so dasteht, das Gefühl, auf einer Kugel zu stehen? Vielmehr haben wir doch den Eindruck, auf einer riesigen Fläche zu stehen, einer Scheibe, über der sich der Himmel wölbt – eine Art riesige Käseglocke. Nun, wir wissen, dass die Erde eine große Gesteinskugel ist, aber wir erfahren sie nicht als solche. Denn dafür ist die Kugel viel zu groß – und wir dagegen sind winzig klein. Wir nehmen die Wölbung der Kugeloberfläche nicht wahr, weil sie in dem kleinen Ausschnitt, in dem wir uns bewegen, unmerklich gering ist. Aus diesem Grund hat es in der Menschheitsgeschichte so lange gedauert, bis die

Kugelgestalt der Erde endlich als eine Tatsache allgemein anerkannt war.

Als man noch nichts davon wusste, dass große Massen eine gewaltige Anziehungskraft ausüben, konnte die Vorstellung einer Kugelerde schon deshalb kaum Anhänger finden, weil von einer Kugel naturgemäß alles abrutschen und herunterfallen müsste, was sich »seitlich« oder »unten« befände. Dass ein Apfel nach unten fällt und nicht nach oben, wenn er sich vom Zweig löst, erklärte man damit, dass der Apfel ein Gewicht hat. Aber woher die Dinge ihr Gewicht haben, danach fragte man nicht. Man fragte nicht, wieso einen das eigene Gewicht nach unten zieht und nicht nach oben. Heute wissen wir, dass die riesige Erdmasse unter unseren Füßen uns nach unten zieht. Wie sie das macht, das kann die Wissenschaft allerdings bis heute nicht erklären.

Unser Dasein als winzig kleine Lebewesen auf der riesigen Erdkugel täuscht ein Oben und Unten vor, obwohl es im Kosmos kein Oben und Unten gibt. Gleichzeitig täuscht es vor, dass wir der Mittelpunkt der Welt sind. Aber solch einen Mittelpunkt gibt es nicht. Auch davon, dass die Erdkugel sich ziemlich schnell um sich selber dreht, spüren wir nichts. Wir müssen uns auf der Erdkugel keineswegs festklammern, um von der Drehung nicht heruntergewirbelt zu werden. Das Festhalten besorgt die Erde durch ihre Anziehungskraft. Vielmehr haben wir das Gefühl, ganz fest und sicher auf einer unbewegten Scheibe zu stehen. Die Erde ruht fest unter unseren Füßen, während sich die Sonne über den Himmel bewegt. Und nachts bewegen sich die Sternbilder übers Firmament. Alles dreht sich um uns in diesem Kosmos, so könnte man meinen – und so hat die Menschheit jahrtausendelang gedacht. Sie hat sich in der Mitte der Welt gewähnt und sich als zentraler Sinn, als zentrale Bedeutung der Welt verstanden. Alles Täuschung und eitle Selbstüberschätzung!

In der Bewegung der Sonne und der Sternbilder am Himmel offenbart sich nur die Bewegung der Erde. Die Sonne und die Sterne bewegen sich, weil sich die Erde bewegt. Das ist so ähnlich, wie wenn man in einem Zug oder Auto sitzt: Draußen rast die Landschaft vorbei – auch eine Täuschung, auf die wir nur deshalb nicht hereinfallen, weil wir wissen, dass wir selber fahren. Manchmal fallen wir aber doch herein: Da sitzen wir in einem Zug, der gerade auf einem Bahnsteig steht. Wir schauen aus dem Fenster und sehen gleich nebenan einen anderen Zug, der auch auf dem Bahnsteig steht. Auf einmal fährt unser Zug ganz langsam an, wir rollen sachte aus dem Bahnhof – denken wir. Dann blicken wir zur anderen Seite des Zugs hinaus und stellen fest, dass wir noch immer stehen. Es war der Zug auf dem Nachbargleis, der losgefahren ist. Seine Bewegung haben wir zu unserer Bewegung gemacht. Bei der Erde ist es umgekehrt: Ihre Bewegung machen wir zur Bewegung der Sonne und der Sterne. Um diese Täuschung als solche zu erkennen, dazu brauchte die Naturwissenschaft zweitausend Jahre. Zu mächtig war der Augenschein. Der Mensch zweifelt nicht gern an dem, was er mit eigenen Augen sieht.

Selbst so etwas Elementares und Eindringliches wie das Blau des Taghimmels ist nichts als Augentäuschung. Denn in Wirklichkeit ist der Himmel schwarz. Er erscheint uns nur deshalb blau, weil die Erde von einer Lufthülle umgeben ist. Die Luftschichten filtern das einfallende Sonnenlicht, sodass nur sein blauer Anteil in unser Auge fällt. Würden wir mit einem Ballon bis in eine Höhe von dreißig Kilometern aufsteigen, dann könnten wir beobachten, wie das Blau des Himmels nach und nach dunkler wird bis hin zum tiefen Violett, am Ende bis zum absoluten Schwarz des Weltraums. Auf dem Mond, der keine Lufthülle besitzt, ist der Himmel zum Beispiel auch bei Tage schwarz.

Selbst das Funkeln der Sterne ist nichts anderes als funkelnder Schein. Die Sterne selbst funkeln nicht. Es sind die Luftbewegungen in der Erdatmosphäre, die das Licht der Sterne flackern lassen. Draußen im Weltraum gibt es kein Sterngefunkel – was in Science-Fiction-Filmen stets übersehen wird, wie auch der Umstand, dass es im Weltraum keine Geräusche gibt.

Die Sterne sind die kosmischen Täuschungsobjekte schlechthin. Diese unzähligen funkelnden Lichtpunkte scheinen wie aufgemalt auf der schwarzen Kuppel des Nachthimmels, die sich über uns wölbt. Sie scheinen alle gleich weit von uns entfernt zu sein, ohne dass wir freilich sagen könnten, wie weit. Es gibt große, helle Sterne und es gibt kleine, nur schwach leuchtende Sterne. Auch wenn wir wissen, dass die Sterne unterschiedlich weit von uns entfernt sind, es also keine schwarze Kuppel gibt, die sich über uns wölbt, können wir doch nicht sagen, welche Sterne weiter entfernt sind und welche weniger weit. Vom Gefühl her würden wir sagen, dass die großen, hellen Sterne näher sind als die kleinen, nur schwach leuchtenden. Aber auch das scheint nur so – es ist wieder eine optische Täuschung. Wir gehen nämlich fälschlicherweise davon aus, dass alle Sterne die gleiche tatsächliche Größe und Leuchtkraft besitzen. Jene, die am hellsten strahlen, sollen deshalb auch am nächsten sein. Falsch gedacht! Größe und Helligkeit der Sterne sagen nichts über ihre Entfernung aus. Ein großer, heller Stern kann weiter weg sein als ein kleiner, blasser Stern. Nur gegenüber dem mit Abstand hellsten Stern stimmt die Annahme, dass er auch der nächste sein muss: Die Sonne ist wirklich der Stern, der uns am nächsten ist. Dieser Stern hat nur den Fehler, dass wir ihn gar nicht zu den Sternen zählen. Denn schließlich ist die Sonne der Himmelskörper, der alle übrigen Sterne zum Verschwinden bringt, wenn er am Himmel erscheint. Doch das Verschwinden der Sterne ist wieder nur eine Sinnestäuschung. Selbstverständlich scheinen die Sterne auch bei Tage weiter. Es liegt nur an unseren Augen, dass wir ihr schwaches Licht im grellen Licht der Sonne nicht mehr wahrnehmen können.

Auch der Mond ist ein Täuschungskünstler. Er tut so, als leuchte er aus sich selbst heraus. Dabei schickt er uns bloß Licht, das er von der Sonne empfängt. Das Gleiche tun die Planeten: Sie leuchten wie Sterne, sind aber keine.

Der Mond täuscht noch in anderer Hinsicht: Er tut so, als würde er sich nicht um sich selber drehen. Aber auch der Mond, wie alle Objekte im Universum – von den Elementarteilchen bis zu den Galaxien –, dreht sich um sich selber. Doch der Mond dreht sich auf eine Art, mit der er uns Laien buchstäblich hinters Licht führt: In der Zeit, in der er sich einmal um die Erde bewegt – also in 27 Tagen, 7 Stunden und 43 Minuten –, dreht er sich auch exakt einmal um sich selbst. Er dreht sich so, dass er von der Erde aus in sich zu ruhen scheint. Diese so genannte gebundene Rotation bringt es mit sich, dass der Mond uns stets dieselbe Seite zukehrt. So bleibt die Rückseite des Mondes von der Erde aus immer unsichtbar.

Selbst bei mondloser, sternklarer Nacht ist der Sternenhimmel

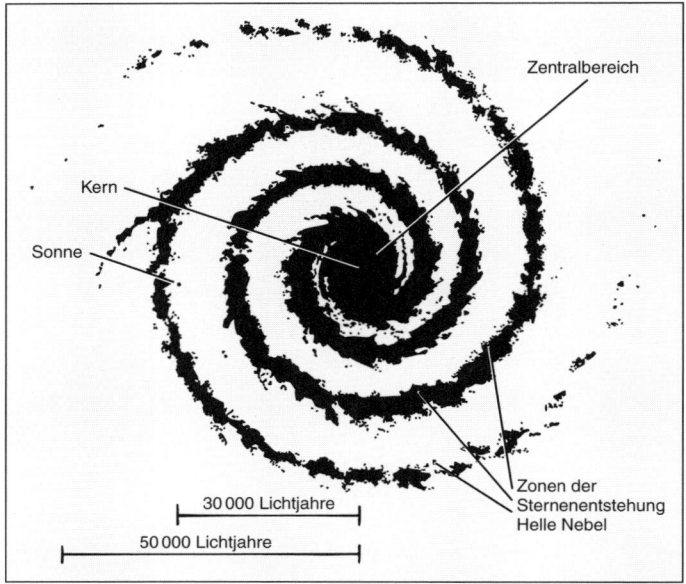

Die Scheibe in Draufsicht. Wie alle Spiralgalaxien hat auch die Milchstraße die Form einer flachen Scheibe. Diese Scheibe dreht sich in 240 Millionen Jahren einmal um sich selbst.

eine einzige kosmische Sinnestäuschung. Diese rührt daher, dass die Lichtempfindlichkeit unserer Augen sehr begrenzt ist. Wir sehen nicht den Sternenhimmel an sich, sondern einen ganz speziellen und willkürlichen, eben den, den das menschliche Auge erkennen kann. Von den etwa einhundert Milliarden Sternen, aus denen unsere Galaxis besteht, können wir mit bloßem Auge gerade mal ein paar tausend wahrnehmen – ein Scheinbild des Sternenhimmels, mehr nicht. Denn auch dort, wo wir nur schwarze Leere zwischen den Sternen sehen, befinden sich Sterne. Doch deren Licht ist zu schwach, um die Nervenzellen unserer Augen zu reizen. Hätten wir andere, empfindlichere Augen, so sähen wir auch einen anderen Sternenhimmel. Wir brauchen nur ein einfaches Fernglas vor das Auge zu halten, um einen anderen Sternenhimmel zu entdecken. Auf einmal zeigen sich auch dort Sterne, wo man zuvor nur eine schwarze, sternlose Fläche gesehen hat.

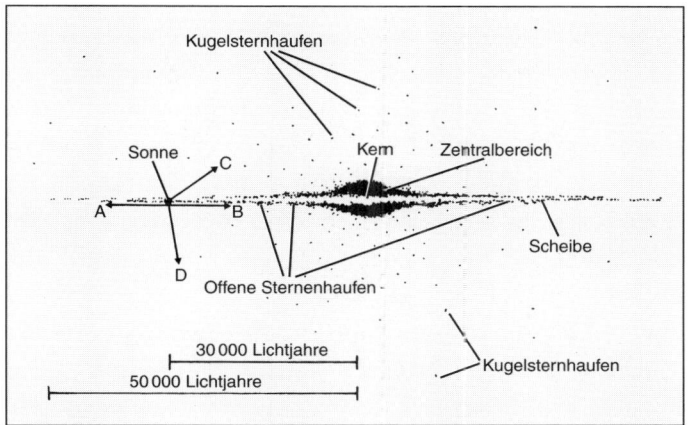

Die Scheibe von der Seite gesehen. Blicken wir in die Scheibe hinein (in Richtung A oder B), so müssen wir mehr Sterne sehen, als wenn wir schräg oder senkrecht zur Scheibe blicken (in Richtung C oder D). Das Band der Milchstraße mit seinen zahllosen Sternen ist der Blick in die Scheibenebene hinein. In allen anderen Richtungen sehen wir viel weniger Sterne, denn wir schauen dann aus der dünnen Scheibe hinaus in den leeren Raum. Davor liegen nur noch die Sterne in unserer Nähe.

Richtet man das Fernglas auf die Milchstraße, dieses helle Band, das sich quer über den Nachthimmel zieht, so wird man feststellen, dass es sich aus lauter Einzelsternen zusammensetzt. Täuschung, wohin man schaut! Man könnte beim Anblick der Milchstraße meinen, dass es eine äußerst ungleichmäßige Verteilung der Sterne in unserer Galaxis gibt und nur ein gewisses Gebiet mit richtig dicht gedrängten Sternen, das sich wie eine Ader quer durch die Galaxis zieht. Aber dem ist nicht so. Das Milchstraßenband ist wiederum eine optische Täuschung, die dadurch zustande kommt, dass unsere Galaxis die Form einer flachen Scheibe hat. Diese Scheibenform kommt in dem Milchstraßenband zum Ausdruck. Wäre unsere Galaxis ein gleichmäßiger kugelförmiger Sternhaufen − auch solche Galaxien gibt es −, so böte sich uns, egal, in welche Richtung wir schauten, der Anblick eines gleichförmig mit Sternen übersäten Nachthimmels.

Die Scheibenform unserer Galaxis bringt es mit sich, dass beim Blick in die Scheibenebene viel mehr Sterne ihr Licht zu uns schicken als beim Blick aus der Scheibenebene hinaus. Schauen wir nicht auf das Milchstraßenband, so schauen wir aus der Galaxienscheibe hinaus. Die Breite des Milchstraßenbandes entspricht der Dicke der Galaxienscheibe. Man stelle sich vor, man befände sich in einer dünnen Milchglasscheibe: Man würde dann auch nicht die Scheibe als Ganzes wahrnehmen, sondern nur einen milchig trüben Ring von Scheibendicke, der sich um einen herumzieht. Auch das Milchstraßenband zieht sich als Ring um die Erde.

Die Schwierigkeiten beim Bestimmen unseres Ortes innerhalb unserer Galaxis und innerhalb des ganzen Universums rühren daher, dass die Entfernungen, um die es hier geht, jenseits aller menschlichen Vorstellbarkeit liegen. Die grundlegende Täuschung besteht darin, dass wir uns alles viel kleiner vorstellen als es in Wirklichkeit ist. Wir versuchen insgeheim, den Kosmos auf unsere irdischen Maße herabzuziehen. Wenn wir das Wort »Galaxie« hören (Galaxis steht nur für unsere Milchstraße), stellen wir uns eben einen Haufen Sterne vor, in dem wir uns irgendwo befinden. In der Tat ist eine Galaxie auch ein Haufen, aber mit Abständen zwischen den Sternen, die so unvorstellbar groß sind, dass vom menschlichen Standpunkt aus der Begriff »Haufen« sinnlos wird.

Erschwerend kommt hinzu, dass unser Blick nicht beliebig weit in die Galaxis hineinreicht. Die entferntesten Sterne, die wir mit bloßem Auge noch wahrnehmen können, sind, wenn es hoch kommt, vielleicht zehntausend Lichtjahre entfernt. Die ganze Galaxis aber hat einen Durchmesser von hunderttausend Lichtjahren.

Es ist schwierig, etwas überschauen zu wollen, in dem man sich selber befindet. Doch die moderne Astronomie stellt genau diesen Versuch dar. Sie will uns zeigen, wo wir sind, räumlich und zeitlich. Ohne Hilfsmittel geht das allerdings nicht. Diese Hilfsmittel sind in erster Linie die Teleskope. Die moderne Astronomie beginnt deshalb mit der Erfindung des Fernrohrs. Davor gab es auch schon eine Astronomie, doch die war nicht in der Lage, die Täuschungen des Augenscheins zu durchbrechen. Das wurde erst mit dem Fernrohr möglich. Und je stärker die Fernrohre wurden, je tiefer also das menschliche Auge in den Kosmos zu schauen vermochte, umso deutlicher, aber auch ernüchternder wurde unsere Stellung in diesem Kosmos: Wir bewohnen nur einen x-beliebigen kleinen Planeten einer x-beliebigen kleinen Sonne im äußeren Bereich einer x-beliebigen durchschnittlichen Galaxie in einem x-beliebigen Galaxienhaufen. Wir sind nicht das Zentrum der Welt. Die Welt hat kein Zentrum.

Eine kurze Geschichte des Fernrohrs

Der Mann, der die moderne Astronomie »erfunden« hat, Galileo Galilei (1564–1642), musste sich sein Fernrohr noch selber bauen. Als er das tat, war er allerdings schon ein berühmter Mann. In kürzester Zeit machten die fantastischsten Geschichten über die Möglichkeiten eines Fernrohrs die Runde: Man könne, so wurde gemunkelt, mit diesem Gerät Gott selbst hinter den Sternen schauen. In Italien brach im Jahr 1610 ein regelrechtes Fernrohrfieber aus. Immerhin vermochte Galileis bescheidenes Gerät hundertmal mehr Licht von einem entfernten Objekt einzufangen als das bloße Auge. Einen Gegenstand konnte er auf fünfzig Kilometer Entfernung so deutlich sehen, als wäre er nur fünf Kilometer entfernt. Galilei hatte sehr schnell erkannt, dass sein Fernrohr ein Mittel darstellte, mit dem sich die astronomischen Ansichten seiner Zeit auf ihre Richtigkeit überprüfen ließen. Er brauchte es zum Beispiel nur auf die Milchstraße zu richten, schon löste sich der ganze Wust von Legenden und Fabeln über ihre Natur in Wohlgefallen auf. Die Milchstraße war nichts weiter als ein riesiger Schwarm von Sternen. Galileis Beobachtungen, die heute jeder mit einem Fernglas wiederholen kann, zerstörten den zweitausend Jahre alten Glauben an eine im Zentrum des Universums befindliche Erde. Allein Galileis Entdeckung, dass Jupiter von Monden umkreist wird, lieferte den Beweis, dass sich nicht alle Himmelskörper um die Erde drehen, wie man bis dahin glaubte.

Genau ein Jahr nach Galileis Tod, also 1643, wurde in England Isaac Newton geboren. Seine herausragende Leistung bestand darin, mehrere Entdeckungen der damaligen Zeit miteinander in Verbindung zu bringen: Galileis Gesetze über die Bewegung von Körpern,

Galileis Fernrohrbeobachtungen und die bestehenden Gesetze der Planetenbewegungen. Die hatte der Astronom Johannes Kepler (1571–1630) bereits fünfzig Jahre zuvor aufgestellt. Daraus entwickelte Newton die allgemeinen Gesetze der Gravitation, also der Anziehungskräfte zwischen Himmelskörpern. Von da an verstand man, wieso sich die Planeten auf Kreisbahnen um die Sonne bewegen, wieso die Erde also nicht in die Sonne, der Mond nicht auf die Erde stürzt, obwohl sich die Körper anziehen. Der Grund ist ganz einfach: Die Kraft, mit der die Sonne einen Planeten anzieht, ist genauso groß wie die Fliehkraft, die den kreisenden Planeten von der Sonne wegziehen möchte.

Newton erneuerte aber nicht nur das physikalische Weltbild, sondern betrieb auch selber astronomische Beobachtungen. Ihre Ergebnisse waren von nachhaltiger Wirkung. Schon als Fünfundzwanzigjähriger hatte er sich sein erstes Teleskop gebaut, drei Jahre später ein zweites, wesentlich besseres. Das Neue an diesem Teleskop war, dass das einfallende Licht zuerst auf einen Hohlspiegel traf, der die Strahlen in einem Punkt vereinigte. Dieser Punkt lag genau auf einem kleineren schräg gestellten Spiegel, der den Lichtstrahl zu einer stark vergrößernden Linse weiterleitete, die sich im Guckloch befand. Einen Mangel hatte Newtons Teleskop allerdings: Nicht das gesamte Licht, das auf den Hohlspiegel fiel, wurde zurückgeworfen. Ein Teil wurde von ihm verschluckt. Um diesen Mangel zu beseitigen, wäre es notwendig gewesen, den metallischen Spiegel ständig zu polieren, also das Gerät vor jedem Gebrauch zu zerlegen, was natürlich unmöglich war. Newton hatte jedoch die Hoffnung, dass man eines Tages eine Metallverbindung finden würde, deren Glanz länger hielt.

Es bedurfte erst des Genies eines Außenseiters und Hobbyastronomen, um ein wirklich leistungsfähiges Teleskop zu entwickeln, das die astronomische Forschung entscheidend voranbrachte. Der Mann hieß Wilhelm Herschel (1738–1822). In Hannover geboren, verließ er in jungen Jahren das damals noch sehr rückständige Deutschland, um in England als Musiker sein Glück zu versuchen. Doch in der Mitte seines Lebens entdeckte Herschel sein Interesse für die Optik und schließlich für deren praktische Anwendung in der Astronomie. Er baute sich kurzerhand ein eigenes Teleskop, und

Die beiden Grundtypen des Teleskops

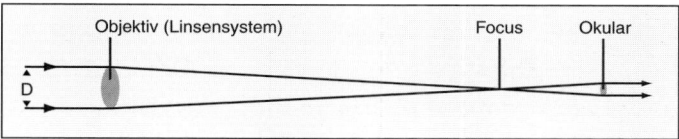

Strahlengang des Fernrohrs nach Kepler. Das klassische Fernrohr (Refraktor) ist umkehrend, d. h. es liefert Bilder, die seitenverkehrt und auf dem Kopf stehend erscheinen. Das Licht fällt durch das Objektiv (Linse) mit dem Objektivdurchmesser D und wird gebündelt. Im Okular kann das Bild betrachtet werden.

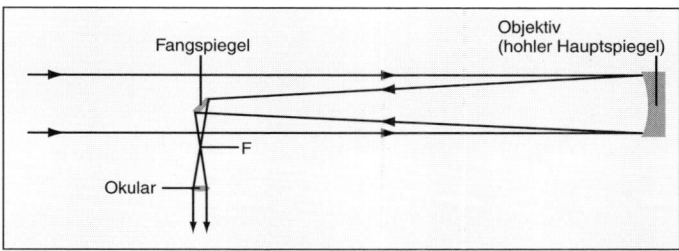

Strahlengang beim System nach Newton (Reflektor). Der Hauptspiegel lenkt das Lichtbündel auf einen Fangspiegel, der es auf das Okular weiterleitet. Der Brennpunkt F (Fokus) liegt hier seitlich neben dem vorderen Ende des Teleskops.

zwar nach dem System, das Newton entwickelt hatte. Zu diesem Zweck richtete er sich in seinem Haus eine komplette Schmelzwerkstatt ein, um die Spiegelrohlinge aus Metall zu gießen. Im November 1778 fertigte er aus einer Kupfer-Zinn-Verbindung einen sehr guten Spiegel von über zwei Meter Brennweite. Mit dem Teleskop, in das er diesen Spiegel einbaute, entdeckte er in der Nacht vom 13. auf den 14. März 1781 einen neuen Planeten: Uranus. Mit einem Schlag war Herschel ein weltberühmter Mann.

Riesenaugen für den Blick ins Universum

Das ganze 19. Jahrhundert brachte für die Astronomie allerdings keine grundlegend neuen Erkenntnisse. Das hatte damit zu tun, dass die Teleskoptechnik während dieser Zeit keine nennenswerten Fortschritte mehr machte. Trotzdem konnte am 23. September 1846 ein weiterer Planet, Neptun, von dem Berliner Astronomen J. G. Galle aufgespürt werden. Im Jahr 1930 wurde mit Pluto der neunte und vorläufig letzte Planet unseres Sonnensystems entdeckt.

Doch dem Sonnensystem galt zu Beginn unseres Jahrhunderts längst nicht mehr das vorrangige Interesse der Astronomen. Man wollte das Universum als Ganzes verstehen. Das setzte voraus, dass man immer tieferen Einblick in den Kosmos gewann – und dafür bedurfte es immer besserer, das heißt größerer Teleskope. So wurden zu Beginn des 20. Jahrhunderts, nämlich 1908 und 1922, zwei riesige Teleskope auf einem Berg im Süden Kaliforniens, dem Mount Wilson, errichtet. Ihre aus Spezialglas gefertigten Spiegel haben einen Durchmesser von 1,5 beziehungsweise 2,5 Metern. Bereits im Jahr 1928 legte der amerikanische Teleskop-Konstrukteur George E. Hale den Plan für ein 5-Meter-Teleskop vor. Es dauerte zwanzig Jahre, bis es 1948 auf dem Mount Palomar, ebenfalls in Südkalifornien, errichtet werden konnte. Es war bis 1994 das größte funktionstüchtige Teleskop der Welt. Dann kam mit dem Keck-Observatorium auf Hawaii der erste Vertreter einer ganz neuen Teleskop-Generation. Es besteht aus zwei 10-Meter-Spiegeln, von denen jeder, ähnlich wie ein Insektenauge, aus Einzelspiegeln von jeweils nur 1 Meter Durchmesser zusammengesetzt ist. Noch größer ist das Very Large Telescope (VLT), das im Jahr 2000 auf einem Berg in Chile seinen Betrieb aufgenommen hat. Es besteht aus vier Spiegeln, von denen jeder einen Durchmesser von fast 10 Metern hat. Ein computergesteuertes Unterstützungssystem gleicht ständig die Verbiegungen der Spiegel aus, die durch das Eigengewicht entstehen. Ein zweites Computersystem reguliert die Bildverzerrungen, die durch die Luftunruhe verursacht werden. Das VLT hat eine so große Sehschärfe, dass es die auf dem Mond stehende Apollo-Landefähre deutlich wahrnehmen könnte.

Kaum hat das VLT seine Arbeit aufgenommen, ist bei der Europäischen Südsternwarte (ESO) schon das nächste, noch größere erdgebundene Teleskop in der Planung. Einen Namen hat es auch schon: OWL. Das ist das Kürzel für ›Overwhelmingly Large Telescope« (überwältigend großes Teleskop). Es soll einen Spiegeldurchmesser von hundert Metern haben und die Ausmaße der Cheops-Pyramide. Es wird zehnmal mehr Licht einfangen können als alle Großteleskope der Welt zusammen. Mit dieser ungeheuren Lichtausbeute könnte OWL noch Objekte erspähen, die 13 Milliarden Lichtjahre entfernt, also kurz nach dem Urknall entstanden sind.

Auf irdische Verhältnisse übertragen hätte OWL eine Sehschärfe, die es ermöglichte, die Augen einer Fliege in tausend Kilometer Entfernung zu unterscheiden. Mit OWL wäre es wahrscheinlich möglich, kleine erdähnliche Planeten um ferne Sterne direkt abzubilden. Selbst die Zusammensetzung der Atmosphäre solch ferner Planeten ließe sich durch Analyse des Lichtspektrums bestimmen. Daraus ließen sich wiederum Rückschlüsse auf möglicherweise vorhandenes Leben auf diesen Planeten ziehen.

Im Jahr 2005 soll mit dem Bau von OWL begonnen werden und 2015 soll es den ersten Blick auf die Frühphase des Kosmos ermöglichen.

Trübe Aussichten für Sterngucker

Die heutigen erdgebundenen Großteleskope sind in der Lage, Objekte im Universum wahrzunehmen, deren ausgestrahltes Licht so schwach ist wie eine Kerzenflamme in 50000 Kilometer Entfernung. Aber was sind schon 50000 Kilometer! So suchen die Astronomen beständig nach neuen Möglichkeiten zur Steigerung der »Sehschärfe« von Teleskopen. Die Vergrößerung des Spiegels ist nicht der einzige Weg, mehr Licht pro Sekunde von einem weit entfernten Himmelsobjekt einzufangen. Die »Sehschärfe« eines Teleskops wird auch entscheidend durch den Schleier der Erdatmosphäre beeinträchtigt. Die Störungen durch die Luftschichten lassen sich zwar dadurch vermindern, dass man die Teleskope auf möglichst hohen Bergen errichtet und in Gegenden, die sich durch besonders klare, das heißt trockene Luft auszeichnen. Dennoch bleiben Unschärfen, die durch die Bewegungen in den Luftschichten hervorgerufen werden.

Die Erdatmosphäre könnte in den kommenden Jahrzehnten ein Riesenproblem – nicht nur für die Astronomie – werden. Durch den Treibhauseffekt, der vor allem durch das Verbrennungsgas Kohlendioxid (CO_2) hervorgerufen wird, nimmt auch die Wolkenbildung zu, entsprechend der höheren Wasserverdunstung über den Meeren. Wenn die Veränderungen in der Erdatmosphäre in diese Richtung weitergehen, ist die Zeit abzusehen, in der eine ständig geschlossene Wolkendecke keinerlei Blick zu den Sternen mehr zulässt. In unseren Breiten ist es ja heute schon so, dass in mindestens zwei von drei Nächten der Himmel bewölkt ist. Das sind wahrhaft trübe Aussichten für alle Sternfreunde und Astronomen. Geht man davon aus, dass der Anteil des Kohlendioxids in der Erdatmosphäre sowie des kondensierten Wasserdampfs aus Industrie und Luftverkehr weiter so stark zunimmt wie in den vergangenen Jahrzehnten, dann steht zu befürchten, dass es in etwa dreißig bis vierzig Jahren in unseren Breiten fast gar keine sternklaren Nächte mehr geben wird. Die jetzt heranwachsende Generation ist womöglich die letzte, die die Sternguckerei noch von der Erde aus betreiben kann. Der Sternenhimmel wird mehr und mehr zu einem seltenen Naturschauspiel.

Nicht erst seit sich die Atmosphäre verändert, denken die Astronomen an Teleskope, die außerhalb der Erdatmosphäre ihren Dienst tun. Das hätte unter anderem den Vorteil, dass auch der ultraviolette Anteil des Lichts vollständig zugänglich wäre. Die Erdatmosphäre hat nämlich die lebenswichtige Eigenschaft, diesen energiereichen Anteil des Lichts weitgehend abzuschirmen.

Was ist eigentlich Licht?

Für die Astronomen ist nicht nur von Interesse, was die Sterne an sichtbarem Licht aussenden, sondern ebenso, was an unsichtbarer Strahlung aus dem Kosmos zu uns gelangt. Denn in jeder Form von Strahlung verbergen sich ganz unterschiedliche Informationen über das Objekt, das diese Strahlung ausgesandt hat. Unser Auge ist aber so aufgebaut, dass es nur für einen winzig kleinen Bereich des Lichts empfänglich ist.

An dieser Stelle ist es nützlich, einmal die simple Frage zu stellen, was mit dem Wort »Licht« gemeint ist. Immerhin ist es die wichtigste, ja fast die einzige Informationsquelle, die wir aus den Tiefen des Kosmos besitzen. Unser Bild vom Kosmos ist in der Hauptsache ein Licht-Bild. Was ist Licht? Und wie entsteht es?

»Dumme Frage«, wird jetzt mancher sagen. Licht entsteht überall, wo es brennt. Das ist zwar richtig, sagt aber gar nichts über das Licht selbst. Und was das Brennen betrifft, so stellt sich sofort die Frage, was denn Brennen eigentlich ist?

Als Erstes ist die Feststellung wichtig, dass Licht immer von Materie ausgesandt wird. Entscheidend für das Aussenden des Lichts sind die Atome, aus denen die jeweiligen Stoffe bestehen. Atome erzeugen Licht. Es muss natürlich mit diesen Atomen etwas passieren, damit sie Licht aussenden. Grundlos tun sie das nicht. Obwohl, so ganz stimmt das auch nicht. Es gibt ganz besondere Materie, die von selbst Licht aussendet. Man nennt diese Materie radioaktiv; aber man könnte genauso gut von lichtaktiver Materie sprechen. Dazu gehört zum Beispiel das Uran. Dieses sendet allerdings nicht nur Licht, sondern auch noch andere Arten von Strahlung aus, nämlich Heliumkerne (α-Strahlung) und Elektronen (β-Strahlung). Doch von den radioaktiven Stoffen abgesehen, muss Materie immer von außen angeregt werden, Licht auszustrahlen. Ein Stück Papier leuchtet nicht aus sich heraus, sondern nur, wenn ich ihm Energie zuführe, das heißt, wenn ich es zum Beispiel mit einem brennenden Streichholz in Berührung bringe. Aber auch das Streichholz hat nicht von sich aus zu brennen angefangen, sondern erst, nachdem ich es an einer rauen Oberfläche angerieben, ihm also Reibungsenergie zugeführt habe. Wird Atomen Energie zugeführt, beginnen sie ab einer bestimmten Energiestärke zu leuchten, also Lichtwellen auszusenden. Um zum Beispiel Schwefel zum Brennen zu bringen, bedarf es nur geringer Energie. Hingegen brauche ich ziemlich viel Energie, bis ein Stück Eisen zu glühen anfängt.

Aber wieso senden die Atome Licht aus, wenn man ihnen eine bestimmte Menge an Energie zuführt? Das hat mit dem besonderen Aufbau von Atomen zu tun. Ein Atom besteht aus einem Kern, auf dem eine positive elektrische Ladung sitzt. Um diesen positiven Kern bewegen sich auf ganz bestimmten Bahnen negativ geladene Teilchen, die so genannten Elektronen. So besteht zum Beispiel das einfachste Atom, das des Wasserstoffs, aus einem einzigen Kernbaustein mit der elektrischen Ladung +1. Einen solchen Kern nennt man auch Proton. Dieser Wasserstoffkern wird von einem einzigen Elektron umkreist und dieses trägt die elektrische Ladung −1. Die Gesamtladung eines Atoms beträgt demzufolge 0, denn +1 und −1 ergeben zusammen 0. Alle Atome haben die Ladung 0, also keine Ladung.

Entsprechend sieht es bei größeren Atomen aus: Der Atomkern von Helium besteht aus zwei Protonen, was die Ladung +2 ergibt. Der Heliumkern wird von zwei Elektronen umkreist (Ladung −2). Der Sauerstoffkern besteht aus acht Protonen (Ladung +8), um den acht Elektronen (Ladung −8) kreisen. Nach demselben Schema verhält es sich mit allen Elementen bis hin zum Uran, dem schwersten der natürlichen Elemente. Uran hat einen Atomkern aus zweiundneunzig Protonen, der von einer regelrechten Wolke von zweiundneunzig Elektronen eingehüllt ist.

In den Atomkernen befinden sich allerdings auch noch andere, ungeladene Teilchen, die so genannten Neutronen. Sie sollen uns hier aber nicht weiter interessieren. Nur so viel: Die Neutronen stellen so etwas wie den »Klebstoff« zwischen den Protonen dar. Dieser »Neutronen-Klebstoff« ist notwendig, weil sich die Protonen sonst gegenseitig abstoßen würden. Denn gleiche elektrische Ladungen stoßen sich ab, ungleiche ziehen sich an. Ohne die ungeladenen Neutronen kämen also gar keine Atomkerne zustande, vom Wasserstoffkern abgesehen, der ja nur aus einem Proton besteht. Gäbe es die Neutronen nicht, so bestünde der ganze Kosmos nur aus Wasserstoff.

Da die Elektronen sich um den Atomkern bewegen – ähnlich wie die Planeten um die Sonne –, wird verhindert, dass sie in den Atomkern stürzen, von dem sie ja wegen der entgegengesetzten Ladung angezogen werden. Ihre Bewegungsenergie wirkt exakt der Kraft entgegen, mit der sie der Atomkern anzieht. Das Kraftfeld, das zwischen Atomkern und Elektronen herrscht, wird als elektromagnetisches Feld bezeichnet. Dieses Feld hält das Atom zusammen.

Elektromagnetische Felder entstehen überall dort, wo entgegengesetzte Ladungen auftreten.

Aber was ist nun mit dem Licht? Das Licht ist eine Folge dieses elektromagnetischen Feldes im Atom. Licht entsteht, wenn elektrische Ladungen innerhalb eines elektromagnetischen Feldes bewegt werden. Nun sind die Elektronen innerhalb eines Atoms allerdings immer in Bewegung, also müssten die Atome immer Licht aussenden. Das tun sie aber nicht, denn das hätte zur Folge, dass sie an diesem ständigen Energieverlust zugrunde gehen würden; die Elektronen würden immer energieärmer und schließlich in den Atomkern stürzen. Die Atome würden zerfallen. Ein Atom sendet nur dann Licht aus, wenn eines seiner Elektronen von außen angeregt wird, also einen Energiestoß erfährt. Solange die Elektronen in einem Atom von außen nicht gestört werden, senden Sie kein Licht aus. Führe ich den Atomen jedoch Energie zu, zum Beispiel, indem ich sie erhitze, so springen die Elektronen von einer energetisch niederen auf eine höhere Bahn. Ihre dadurch gewonnene Energie geben sie als Licht wieder ab, wenn sie anschließend von der höheren in die niedrigere zurückfallen. Die Energie dieser Lichtwelle ist umso größer, je stärker das Elektron von außen angeregt wurde. Die Sprünge des Elektrons werden umso heftiger, je stärker es angeregt wird, und umso heftiger werden auch die Lichtwellen, die es bei diesen Sprüngen aussendet. Die Elektronen eines Atoms können von außen so stark angeregt werden, dass sie aus dem Atom herausspringen und zu freien Elektronen werden. Bei solch einem Sprung ist das ausgesandte Licht dann besonders heftig, also energiereich.

Das heißt, das Licht, das von Atomen ausgesandt wird, hat nicht immer die gleiche Energie, sondern je nachdem, wie stark die Elektronen angeregt wurden, ist auch das ausgesandte Licht schwächer oder stärker. Das Licht besitzt eine breite Energieskala, ähnlich wie die Schallwellen, die sehr niedrige Energie (dunkle Töne) und sehr hohe Energie (hohe Töne) haben können.

Es gibt viele Arten von Licht

Man muss sich die von angeregten Elektronen ausgesandte Strahlung wie eine Welle vorstellen, die sich gleichmäßig im Raum ausbreitet. Einem Wellenberg folgt ein Wellental. Der Abstand zwischen zwei Wellenbergen (oder -tälern) gibt die Wellenlänge des ausgesandten Lichts an. Je energiereicher eine Lichtwelle ist, umso rascher folgen die Wellenberge aufeinander. Kurzwelliges Licht ist energiereicher, langwelliges Licht ist energieärmer. Das heißt jedoch nicht, dass sich langwelliges Licht langsamer ausbreitet als kurzwelliges. Die Ausbreitungsgeschwindigkeit des Lichts ist immer gleich, egal, wie energiereich das Licht ist. Es breitet sich stets mit rund 300 000 Kilometern pro Sekunde aus. Ist das Licht langwellig, also energieärmer, so treffen pro Sekunde weniger Wellenberge im Beobachtungspunkt ein als bei kurzwelligem, also energiereichem Licht. Man sagt, energiearmes Licht hat eine niedrige Frequenz, energiereiches Licht hat eine hohe Frequenz. Mit Lichtfrequenz ist nichts anderes gemeint als die Anzahl der eintreffenden Wellenberge pro Sekunde.

Im alltäglichen Sprachgebrauch verstehen wir unter »Licht« nur jenen Bereich der elektromagnetischen Wellen, die unser Auge wahrnehmen kann. Dieser Bereich ist nur ein ganz kleiner Ausschnitt aus dem breiten Spektrum der elektromagnetischen Strahlung. Die Wellenlänge des sichtbaren Lichts liegt bei einigen hunderttausendstel Zentimetern. Allein auf diese eng begrenzte Wellenlänge reagieren die Nervenzellen in unserem Auge. Allerdings sind unsere Augen in der Lage, feinste Differenzen in diesem winzigen Wellenlängenbereich zu unterscheiden. Diese feinen Unterschiede nehmen wir als Farben wahr. Farben sind also physikalisch nichts anderes als minimale Frequenzunterschiede im Bereich des sichtbaren Lichts. Den kurzwelligeren Anteil des sichtbaren Lichts nimmt das Auge als blaue Farbe wahr, den langwelligeren Anteil als rote Farbe. Blau ist somit energiereicheres Licht als Rot; Blau hat eine höhere Frequenz als Rot. Das mag ein wenig verwundern, denn Blau bezeichnen wir als »kalte«, Rot als »warme« Farbe. Physikalisch ist es jedoch genau umgekehrt: Was blau strahlt, ist heißer als das, was rot strahlt. Der

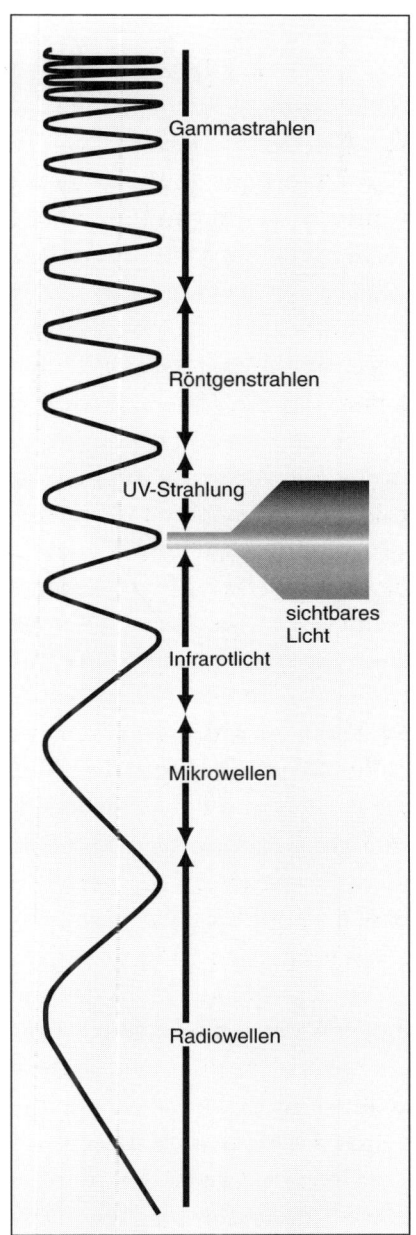

Die ganze Bandbreite des Lichts. Die elektromagnetischen Strahlen mit der höchsten Energie sind die Gamma- und Röntgenstrahlen. Irgendwo in der Mitte liegt der winzige Bereich des sichtbaren Lichts.

bläuliche Bereich einer Kerzenflamme ist der heißeste. Auf den Sternenhimmel bezogen heißt das: Die Sterne mit rötlichem Licht sind energieschwächer als jene, deren Licht einen bläulichen Schimmer hat.

An das langwellige rote Licht schließt sich nach unten die so genannte Infrarot- und Wärmestrahlung an. Sie können wir nicht mehr sehen, aber immerhin noch mit unserer Haut als Erwärmung fühlen. Die Nervenzellen der Haut reagieren auf sie. An das kurzwellige blaue Licht schließt sich nach oben die so genannte ultraviolette Strahlung – kurz: UV-Licht – an. Auch sie können wir nicht sehen. Fühlen können wir sie, im Gegensatz zur Wärmestrahlung, auch nicht, was diese energiereiche Strahlung besonders gefährlich macht. Sie verbrennt bei allzu langer Einwirkung unsere Haut, ohne dass wir es merken. Wir spüren es erst später – wenn es zu spät ist – als schmerzhaften Sonnenbrand.

Doch das UV-Licht ist längst nicht die energiereichste elektromagnetische Strahlung. Es folgen nach oben in der Frequenzskala noch die Röntgenstrahlen und die Gammastrahlen. Röntgenstrahlen entstehen zum Beispiel durch Beschuss von Metall mit extrem schnellen Elektronen. Gammastrahlen entstehen beim Zerfall von radioaktiven Elementen wie etwa dem Uran. Röntgen- und Gammastrahlen sind die elektromagnetischen Strahlen mit der höchsten Energie. Sie können das Gewebe des menschlichen Körpers spielend durchdringen – und zerstören es dabei. Umso mehr überrascht es, dass sie die Erdatmosphäre nicht durchdringen können – Gott sei Dank, denn sie würden alles Leben auf der Erde vernichten.

Vom sichtbaren Licht nach unten in der Frequenzskala folgt auf die Wärmestrahlung die so genannte Mikrowellenstrahlung. Noch energieärmer als sie sind die Radiowellen. Ihre Wellenlänge ist sehr groß; sie liegt zwischen einem Meter und zehn Metern. Im Vergleich dazu: Gammastrahlen haben nur eine Wellenlänge von 10^{-12} Zentimetern, das ist ein billionstel Zentimeter oder ein Zentimeter, geteilt durch eine 1 mit zwölf Nullen.

Für jede Lichtart gibt es besondere Teleskope

Die Materie im Kosmos sendet also elektromagnetische Strahlung von unterschiedlicher Energie aus. Würden sich die Astronomen bei ihren Beobachtungen allein auf das sichtbare Licht beschränken, so erhielten sie nur ein äußerst beschränktes Bild des Universums. Sie wären mit einem Maler zu vergleichen, der nur eine einzige Farbe für seine Bilder verwendet. Die Erfindung des Radars während des Zweiten Weltkriegs machte in den Fünfzigerjahren die Entwicklung leistungsstarker Radioteleskope möglich. Die größten Radioteleskope der Gegenwart haben Durchmesser bis zu dreihundert Metern. Sie müssen so groß sein, weil die Radiowellen so lang sind. Mit diesen »Riesenschüsseln« werden die Radiowellen – nicht anders als bei den Teleskopen für das sichtbare Licht – im Brennpunkt gebündelt und anschließend von einer hornförmigen Antenne aufgenommen. Die leitet die Wellen dem Verstärker des Radioteleskops zu. Im Prinzip funktionieren »Radioschüsseln« nicht anders als die »Schüsseln«, die sich die Leute aufs Dach montieren, um im Fernsehen ihre Satellitenprogramme zu empfangen. Ein Nachteil der Radioteleskope gegenüber optischen Teleskopen ist ihr geringes Auflösungsvermögen. Es ist schwierig, die Radioquellen im Kosmos genau zu bestimmen, das heißt, etwas über ihren Ort und ihre physikalische Beschaffenheit zu sagen: Je länger die eintreffenden Radiowellen sind, umso schwieriger ist die Auswertung der Signale. Durch Anordnung mehrerer Radioteleskope, die gegeneinander verschoben werden können, lassen sich starke Verbesserungen bei der Auflösung erzielen. Radioteleskope kann man nicht nur passiv nutzen, um Radiostrahlung einzufangen, sondern auch aktiv, um eigene ausgesandte Radiosignale auszuwerten. Treffen die ausgesandten Signale nämlich auf einen Himmelskörper, so werden sie von ihm zurückgestrahlt. Mit dieser einfachen Methode lassen sich Entfernungen näherer Objekte, etwa des Mondes, der Sonne oder der Planeten, sehr genau bestimmen. Da man die Geschwindigkeit der Radiosignale kennt – es ist die Geschwindigkeit des Lichts –, lässt sich aus der Zeit, die das ausgesandte Signal bis zu seiner Rückkehr braucht, die Entfernung des angepeilten Objekts ermitteln. Zudem kann man aus der Art, wie sich die zurückgestrahlten Signale verändert haben, Erkenntnisse über die Bewegungen oder die Oberflächenbeschaffenheit des Himmelskörpers gewinnen.

Für die elektromagnetischen Strahlen, die nicht bis zur Erdoberfläche durchdringen können, also Röntgen- und Gammastrahlen, ultraviolette und infrarote Strahlen, wurden erst mit der Entwicklung der Raumfahrt geeignete Messgeräte gebaut und mithilfe von Raketen in den Weltraum transportiert. Mit einem normalen optischen Teleskop würden sich auch außerhalb der Erdatmosphäre keine Röntgen- und Gammastrahlen einfangen lassen; sie würden durch den Teleskopspiegel einfach hindurchgehen. Für diese energiereiche Strahlung müssen ganz besondere Teleskope konstruiert werden.

In der Beobachtung kosmischer Röntgenstrahlung ist inzwischen der deutsche Satellit ROSAT, der 1990 in eine Erdumlaufbahn gebracht wurde, besonders erfolgreich. Er hat die Röntgenastronomie geradezu revolutioniert. Bis dahin kannte man nur etwa 5000 Röntgenquellen im Universum. ROSAT entdeckt, seit er seine Arbeit aufgenommen hat, täglich Hunderte neuer kosmischer Röntgenquellen. Röntgenlicht wird nur von Materie ausgesandt, die auf mehrere Millionen Grad erhitzt ist. Röntgenquellen sind also Objekte, in denen sich extrem energiereiche Ereignisse abspielen. Wir werden diese Ereignisse später noch kennen lernen. Schon zwei Jahre, nachdem ROSAT mit seiner Arbeit begonnen hatte, konnte ein Himmelsatlas mit mehr als 60000 unterschiedlichen kosmischen Röntgenquellen zusammengestellt werden.

Die Entfernungen der von ROSAT erfassten Objekte reichen von einer Lichtsekunde (so weit ist der Mond entfernt) bis zu über zehn Milliarden Lichtjahren; bei Letzteren handelt es sich um Galaxien, die sich am Rand des heute »überschaubaren« Universums befinden. Was die Röntgenstrahlung betrifft, die unser Mond aussendet, so wird sie nicht von ihm selbst erzeugt. Er wirft nur Strahlung zurück, die aus dem Weltraum bei ihm auftrifft.

Auch Gamma- und Infrarotsatelliten wurden in den vergangenen Jahren in Erdumlaufbahnen geschickt. Inzwischen ist eine ganze Reihe von Gammaquellen bekannt; hierbei handelt es sich vor allem um weit entfernte Galaxien, die im Gammabereich strahlen. Die Strahlung stammt zum Teil auch von explodierten Sternen. Doch davon später mehr, wenn wir die Lebensgeschichten von Sternen genauer betrachten. Unter den sehr weit entfernten Galaxien hat man einige Exemplare mit besonders hoher Energieabstrahlung entdeckt: Sie geben im Gammabereich zehntausend Mal mehr Energie ab als alle Sterne unserer Milchstraße zusammen im Bereich des sichtbaren Lichts.

Seit 1995 misst ein europäischer Satellit mit Namen ISO die Infrarotstrahlung, die aus dem Kosmos eintrifft. Die Messgeräte befinden sich in einer Art überdimensionaler Thermosflasche, deren Inneres mithilfe flüssigen Heliums auf einer konstanten Temperatur von 270 Grad unter null gehalten wird. Ohne diese extreme Kühlung wäre das Beobachtungsgerät »blind«. Die Eigenwärme des Satelliten würde die schwache Infrarotstrahlung aus dem All überdecken. ISO hätte ohne Kühlung bei der Beobachtung der Infrarotstrahlung die gleichen Probleme wie ein Astronom, der, umgeben von grell strahlenden Scheinwerfern, schwach leuchtende Sterne beobachten wollte. Aus den Messdaten von ISO gewannen die Wissenschaftler Einblicke in kosmische Vorgänge, die bei relativ niedrigen Temperaturen ablaufen: etwa die »Geburt« von Sternen und Planeten aus dichten Staub- und Gaswolken. Hier sind noch viele Fragen offen. Mithilfe des infraroten Lichts, das durch kosmische Staubwolken ungehindert hindurchgeht, lassen sich vor allem auch Erkenntnisse über die Beschaffenheit unserer Milchstraße gewinnen. Infrarotteleskope haben es möglich gemacht, die Grenzen der Milchstraße genauer zu erkunden und vor allem ihr Zentrum gezielter zu untersuchen.

Das Hubble-Weltraumteleskop

So wichtig die Arbeit von Beobachtungssatelliten wie ROSAT oder ISO für die Weiterentwicklung unseres astronomischen Wissens auch ist, wirkliche Aufregung herrschte unter den Wissenschaftlern und Hobbyastronomen erst, als im April 1990 das Hubble-Weltraumteleskop (HST) von der amerikanischen Raumfähre Discovery auf eine Erdumlaufbahn in rund fünfhundert Kilometer Höhe gebracht wurde. Die Aufregung war deshalb so groß, weil dieses optische Teleskop um vieles schärfer und tiefer in den Weltraum blicken sollte als die größten erdgebundenen Teleskope. Es sollte fünfzig Mal schwächer leuchtende Objekte noch mit zehn Mal mehr Einzelheiten erkennen lassen als das größte Teleskop auf der Erde. Und das, obwohl es nur einen vergleichsweise kleinen Spiegeldurchmesser von 2,4 Metern hat. Jenseits aller Störungen, die durch die Erdatmosphäre hervorgerufen werden, ist das HST in der Lage, Bilder mit einer bislang nicht gekannten Schärfe zu liefern. Unzählige interessante kosmische Ereignisse waren bis dahin von den erdgebundenen Teleskopen nur undeutlich zu erkennen gewesen. Plötzlich hatte man sie in vollkommen klaren Bildern vor Augen. Vor allem zeigten die gewonnenen Bilder räumliche Tiefe und waren dadurch viel aussagekräftiger. Die Bilder der erdgebundenen Teleskope sind dagegen flächig und zeigen nur wenige Einzelheiten.

Das HST wurde mit dem Ziel entwickelt, ganz unterschiedliche Beobachtungen durchzuführen: an den nahen Planeten und Kometen ebenso wie an den massereichen Galaxienhaufen am Rand des Universums. So war ein Höhepunkt die Beobachtung von Kometeneinschlägen auf dem Planeten Jupiter im Juli 1994. Ein weiterer Höhepunkt war die zweiwöchige Erforschung einer dunklen Stelle im Sternbild des Großen Wagens. Dieser Himmelsausschnitt hatte den Durchmesser eines Fünf-Mark-Stücks in zweihundert Kilometer Entfernung. Mit vier verschiedenen Farbfiltern (Ultraviolett, Blaugrün, Rot und Infrarot) entstanden 342 Einzelaufnahmen. Am Ende hatte man ein sechs Quadratmeter großes Foto, das ungefähr 1500 Galaxien in einer Entfernung von bis zu zwölf Milliarden Lichtjahren zeigt. Das war der tiefste Blick, den ein optisches Gerät jemals ins Universum getan hat.

Nach derzeitigen Plänen soll das HST im Jahre 2009 von einem noch besseren Weltraum-Teleskop abgelöst werden, dem NGST (Next Generation Space Telescope). Den Konstrukteuren macht derzeit noch der Hauptspiegel Probleme. Er ist mit acht Metern Durchmesser so groß, dass er nur im zusammengeklappten Zustand in eine Trägerrakete passt und sich erst im Weltraum entfalten wird.

Im Gegensatz zum HST wird das NGST in großer Entfernung zur Erde stationiert werden, nämlich etwa 1,5 Millionen Kilometer weit weg, also etwa dem vierfachen Abstand der Erde zum Mond. Eine Wartung durch Astronauten wie beim HST wird dann allerdings nicht möglich sein. Das NGST wird eine zehn Mal größere Lichtsammelfläche haben als das HST, was im infraroten Wellenlängenbereich eine tausend Mal größere Empfindlichkeit bewirkt.

An dieser Stelle möchte ich die zugegeben etwas trockene Beschreibung der wichtigsten modernen Astronomenwerkzeuge beenden. Aber ich meine, es ist wichtig, sich erst mal ein wenig Klarheit darüber zu verschaffen, mit welchen Mitteln der Kosmos erforscht wird, bevor man darangeht, die Ergebnisse dieses Forschens darzustellen und die Fragen zu diskutieren, die sich daraus ergeben. Ebenso wichtig war es, sich gleich zu Beginn mit den physikalischen Eigenschaften des Lichts vertraut zu machen. Wenn man das Wesen des Lichts nicht versteht, kann man auch den Kosmos nicht verstehen.

Zwei astronomische Geräte muss ich allerdings zum Schluss noch kurz erwähnen. Sie sind neben den verschiedenen Teleskoparten von besonderer Wichtigkeit bei der Erforschung des Weltraums: das Spektroskop beziehungsweise der Spektrograph. Diese zungenbrecherischen Wörter hören sich kompliziert an, bezeichnen aber Geräte, die eigentlich recht einfach sind. Mit dem Spektroskop lässt sich das Lichtspektrum ermitteln, das heißt, es können Lichtwellen in ihre verschiedenen Farbanteile zerlegt werden, aus denen sie sich zusammensetzen. Mit dem Spektrographen wiederum lassen sich Fotos von diesen Farbspektren gewinnen. Ähnlich wie die Regentropfen das Licht in seine Spektralfarben zerlegen und so den Regenbogen am Himmel entstehen lassen, vermag ein Spektroskop das Sternenlicht zu zerlegen und auszuwerten. Jedes chemische Element gibt typische Lichtwellen ab, und so ist es mithilfe von Spektroskop und Spektrograph möglich, die chemische Zusammensetzung eines Sterns oder einer kosmischen Gaswolke herauszufinden. Wasserstoff zum Beispiel sendet elektromagnetische Strahlung mit der Wellenlänge von 21 Zentimetern aus. Wird diese Wellenlänge von Spektrographen aufgezeichnet, so steht fest, dass das Licht von einer Wasserstoffwolke ausgesandt wurde.

Wie man im Universum
Entfernungen misst

Ausgerüstet mit den unterschiedlichsten Teleskopen, mit compu-
terisierten Messinstrumenten, die die eingehenden Lichtsignale
auswerten, und mit Spektroskopen, die die elektromagnetischen
Wellen in feinste Spektrallinien zerlegen, ist die moderne Astronomie in der Lage, eine Fülle von Bildern und Daten aus dem Kosmos
zu gewinnen. Mithilfe dieser Daten versucht die Wissenschaft, ein
möglichst schlüssiges, widerspruchsfreies Gesamtbild des Universums zu entwickeln.

Ein zentrales Problem der Astronomie ist dies: Was wir am nächt-
lichen Himmel sehen, hat keine räumliche Tiefe. Der Sternenhimmel ist flächig. Als hätte jemand – sagen wir: der liebe Gott – Lichtpunkte auf ein schwarzes Tuch gemalt und es wie ein Zelt über uns
ausgespannt. Die Sterne unterscheiden sich zwar in ihrer Helligkeit
oder im Farbton, aber man kann – wie wir schon wissen – daraus
keine Rückschlüsse auf ihre Entfernung ziehen (vgl. S. 13).

Im Gegensatz zum Blick in die Landschaft, der uns immer ziemlich sicher mitteilt, was sich in der Nähe und was sich weiter entfernt
befindet, lässt uns der Blick in die kosmische Sternenlandschaft
darüber im Unklaren. Das Geheimnis der kosmischen Tiefe, der
Räumlichkeit des Weltraums, kann nur gelüftet werden, indem es
die Astronomie schafft, eine Perspektive herzustellen. Dies gelingt
nur über die Bestimmung der Entfernungen von Sternen. Doch was
soll man als Maßband verwenden? Die Radiowellen, die man zur
Bestimmung von Planetenentfernungen einsetzt, sind für das Vermessen von Objekten jenseits unseres Sonnensystems ungeeignet.
Schon beim Anpeilen des nächsten Sterns bräuchten die Radiowellen über acht Jahre, um die Strecke hin und zurück zu überwinden.
Dabei würden sie so viel von ihrer Energie verlieren, dass sie beim
Wiedereintreffen auf der Erde kaum noch zu messen wären.

Bereits die Astronomen des 19. Jahrhunderts suchten nach Möglichkeiten, die Entfernungen von Sternen zu bestimmen. Dies
gelang zuerst mithilfe von Winkelmessungen an den Sternen, die uns
am nächsten sind. Sie sind am Nachthimmel ziemlich leicht heraus-

zufinden, allerdings nur über genaue Beobachtungen während eines ganzen Jahres. Aufgrund der Erdbewegung um die Sonne vollführen die nahen Sterne im Lauf eines Jahres scheinbar winzige Kreisbewegungen am Himmel. Nicht die Sterne bewegen sich, sondern die Bewegung der Erde um die Sonne erscheint als eine Bewegung dieser nahen Sterne vor dem Hintergrund aller übrigen, sehr weit entfernten. Streng genommen vollführen auch die weit entfernten Sterne solche winzigen Kreisbewegungen, doch je weiter ein Stern von der Erde weg ist, umso geringer fallen diese Scheinbewegungen aus; man kann sie nicht mehr messen. Die Scheinbewegungen der nahen Sterne sind vergleichbar mit der Scheinbewegung der Sonne am Tageshimmel. Auch hier bewegt sich ja nicht die Sonne. Vielmehr erscheint die Drehung der Erde um sich selbst, die wir nicht wahrnehmen, als bogenförmige Bewegung der Sonne am Himmel.

Da wir den Abstand der Erde von der Sonne kennen, muss nur noch der Winkel gemessen werden, unter dem vom beobachteten

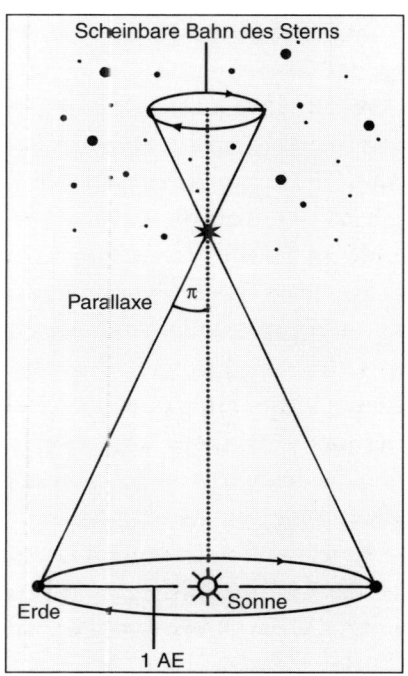

Parallaxenbestimmung
1 AE = 1 Astronomische Einheit;
1 AE entspricht dem Abstand zwischen Sonne und Erde.

Stern aus die Strecke Erde – Sonne erscheint. Diesen Winkel nennt man Parallaxe. Der Parallaxeneffekt wird deutlich, wenn man einen Finger vor das Gesicht hält und ihn abwechselnd mit dem linken und dem rechten Auge betrachtet. Vor dem Hintergrund »springt« der Finger scheinbar hin und her. Je näher der Finger am Gesicht ist, umso größer ist der Parallaxenwinkel. Je größer die Entfernung Erde – Stern ist, umso kleiner ist die Parallaxe. Irgendwann ist sie so klein, dass auch ein noch so feines Winkelmessgerät sie nicht mehr messen kann. Mit modernsten optischen Messgeräten lassen sich mit dieser Methode Entfernungen von Sternen berechnen, die nicht weiter als 300 Lichtjahre entfernt sind. Bei weiter entfernten Sternen funktioniert diese Entfernungsbestimmung nicht mehr, genauer: Sie funktioniert nicht, solange das Gerät auf der Erde steht. Mithilfe des Messsatelliten Hipparcos, der von 1989 bis 1993 auf einer Erdumlaufbahn arbeitete, konnten noch Parallaxen von Sternen gemessen werden, die bis zu 3000 Lichtjahre entfernt sind. Seine Messgenauigkeit ist so groß, dass der Satellit von Hamburg aus in New York die Verschiebung eines Golfballs um seinen eigenen Durchmesser noch erkennen würde.

Im Lauf seiner vierjährigen Mission hatte Hipparcos rund 10 Milliarden Einzelmessungen an 120 000 Sternen vorgenommen und so deren Positionen, Entfernungen, Helligkeiten und Eigenbewegungen im Weltraum exakt vermessen. Das war aber nur die Grundlage für vielfältigste astronomische Untersuchungen. Denn der wissenschaftliche Wert dieser Datenfülle erschließt sich erst, wenn sie mit anderen Messdaten verglichen wird.

Aus den Sternbewegungen lässt sich zum Beispiel die Gesamtmasse unseres Milchstraßensystems ermitteln. Auch neue Erkenntnisse über den inneren Aufbau und die Entwicklung von Sternen können die Hipparcos-Daten liefern. Dadurch erhält man wiederum vielfältige Informationen über die Geschichte unserer Galaxis, ähnlich wie Archäologen aus Bodenfunden ein Bild untergegangener Kulturen erstellen.

Doch weil Astronomen keine Ruhe geben, ehe sie nicht alle Rätsel des Universums gelöst haben, planen sie bereits neue Messsatelliten, die die Arbeit von Hipparcos fortsetzen sollen, aber mit noch größerer Genauigkeit. Bereits 2003 soll mit »Diva« ein deutscher

Messsatellit gestartet werden, der fünf Mal genauer messen wird als Hipparcos. Die NASA wird 2005 mit »SIM« folgen. Und für 2012 planen die Europäer, mit »Gaia« einen Messsatelliten in den Weltraum zu schicken, der den Himmel hundert Mal genauer vermessen wird als Hipparcos. Die Ergebnisse werden allerdings frühestens 2020 vorliegen – und den Astronomen dann gewiss auch schon wieder zu ungenau sein.

Bei weiter entfernten Himmelsobjekten müssen die Distanzen mit anderen Methoden ermittelt werden. Den Schlüssel zur Lösung dieses Problems lieferte schon 1912 die Astronomin H. Leavitt, als sie besonders auffällige Sterne in der Kleinen Magellanschen Wolke, einer Nachbargalaxie, entdeckte. Diese Sterne fielen dadurch auf, dass sie ihre Helligkeit während einiger Wochen in einem festen Rhythmus veränderten: lichtstark, dann verblassend, dann wieder heller werdend. Man gab solchen Sternen den Namen »Cepheid«. Es stellte sich heraus, dass die mittlere Helligkeit von Cepheiden in einem festen Verhältnis zu der Dauer einer vollständigen Helligkeitsänderung steht. Durch die Messung dieser Lichtschwankungsdauer lässt sich die wirkliche Helligkeit des Sterns berechnen. Da man nun in unserer eigenen Milchstraße etwa ein Dutzend solcher Cepheiden fand, deren Entfernungen durch Parallaxenmessungen ermittelt werden konnten, hatte man die Möglichkeit, über Cepheiden in anderen Galaxien deren Entfernung zu bestimmen: Wenn ein Cepheid eines bestimmten Typs in einer fernen Galaxie hundert Mal schwächer leuchtet als ein Cepheid des gleichen Typs in unserer Milchstraße, so konnte man daraus errechnen, dass er zehn Mal weiter entfernt war. Die Cepheiden lieferten so den Astronomen eine Messskala, deren Einteilung es ermöglichte, die Entfernungen anderer Galaxien zu bestimmen. Je genauer die Strahlung von Cepheiden mit den modernen Teleskopen, vor allem mit dem HST, gemessen werden kann, umso genauer werden auch die Entfernungsangaben. Deshalb besteht eine zentrale Aufgabe des Hubble-Weltraumteleskops darin, Messungen an Cepheiden in weit entfernten Galaxien vorzunehmen. Überhaupt lassen sich mit der verbesserten Bildauflösung des HST auch Sterne in sehr großen Entfernungen genau vermessen. Dadurch gewinnt die Astronomie genauere Daten über Größe und Beschaffenheit des Universums.

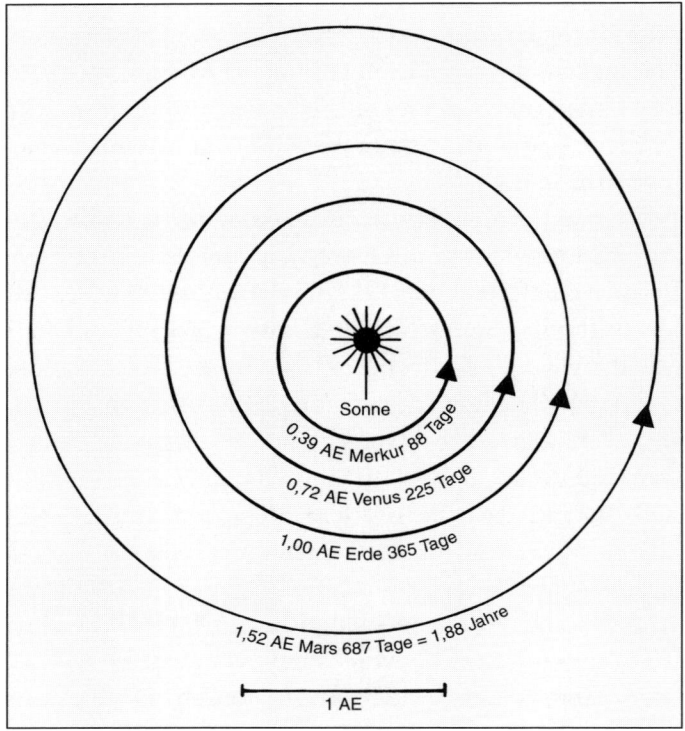

Die Bahnen der inneren Planeten um die Sonne
1 AE = 1 Astronomische Einheit (s. S. 35)

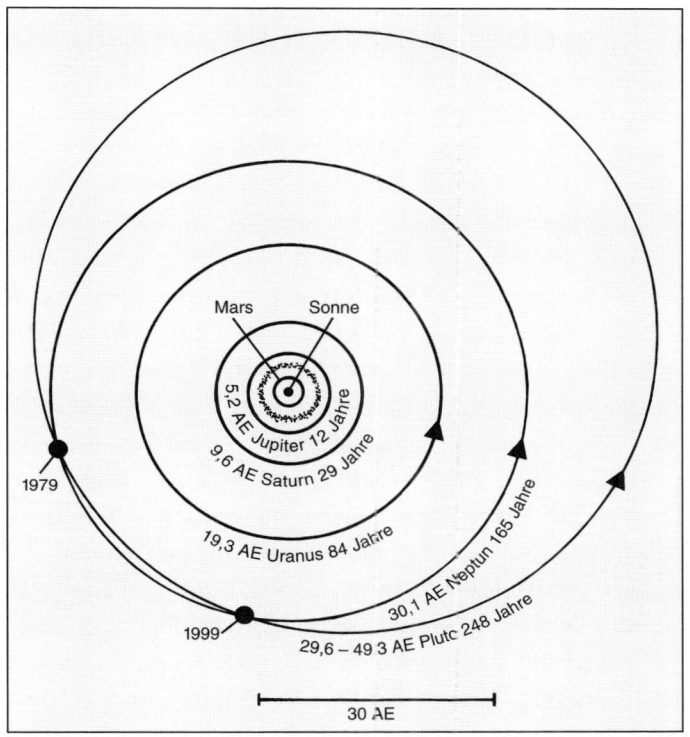

Die Bahnen der äußeren Planeten um die Sonne

Zwischen der Marsbahn und der Jupiterbahn laufen Abertausende
Kleinplaneten (Planetoiden) um die Sonne. Wegen seiner stark
exzentrischen Bahn war Pluto seit 1979 bis 1999 der Sonne näher
als Neptun.

Die Entfernungsmessungen liefern einen groben Bauplan des Universums

Auf der Grundlage von unzähligen Fotos und Messdaten, die das HST während sieben Jahren im Weltraum geliefert hat, lässt sich so etwas wie ein grober Bauplan des Universums erstellen. Auf der untersten Ebene hat man die Sterne, zu denen auch unsere Sonne gehört. Sie ist ein Stern von durchschnittlicher Größe. Um diese Sterne können sich Planeten auf kreisförmigen Bahnen bewegen. Um unsere Sonne bewegen sich neun solcher Planeten: Merkur, Venus, Erde, Mars, Jupiter, Saturn, Uranus, Neptun, Pluto. Die meisten von ihnen werden wiederum von Monden umkreist. Die Erde hat nur einen Mond, dafür aber einen besonders großen. Merkur und Venus, die der Sonne am nächsten sind, besitzen keine Monde, Mars hat zwei, Jupiter sechzehn, Saturn achtzehn, Uranus fünfzehn, Neptun acht und Pluto auch wieder nur einen.

Zwischen den Bahnen von Mars und Jupiter befindet sich ein Gürtel zahlloser Kleinplaneten, auch Planetoiden oder Asteroiden genannt. Die größten unter ihnen haben Durchmesser von einigen hundert Kilometern. Bis zur Größe von einigen hundert Metern hat man mittlerweile über siebentausend solcher Asteroiden gezählt. Über die Entstehung dieses Gürtels aus Kleinplaneten gehen die Meinungen der Astronomen auseinander. Es könnte durch die Anziehungskraft des benachbarten Riesenplaneten Jupiter ein Planet an seiner Entstehung gehindert worden sein. Möglich ist auch, dass zwei Planeten zusammenstießen – die Asteroiden wären dann deren Trümmer.

Asteroiden geraten in jüngster Zeit immer mehr ins Interesse der Astronomen. Sie könnten nämlich Aufschluss geben über die Entstehung des Sonnensystems, die noch immer in vielen Punkten rätselhaft ist.

Asteroiden zeichnen sich zuerst einmal dadurch aus, dass sie unregelmäßig geformt sind. Sie ähneln einer verbeulten Schrumpfversion des Erdmonds. Die Gravitation dieser relativ kleinen Himmelskörper ist zu schwach, um sie auch nur annähernd in eine runde Form zu bringen. So zeichnet die Asteroiden ein verblüffender Gestaltreichtum aus; sie ähneln Bohnen, Erdnüssen oder Kartoffeln, andere sehen wie Backenzähne oder Totenschädel aus.

Wegen dieser Unregelmäßigkeit ist die örtliche Schwerkraft an einem beliebigen Oberflächenpunkt meist nicht zum Massenmittelpunkt gerichtet. Zusammen mit den durch die Eigendrehung erzeugten Fliehkräften können sonderbare Effekte entstehen. Auf einem Asteroiden könnte man theoretisch einen Berg »hinauffallen«. Die Anziehungskraft dieser Kleinplaneten ist so gering, dass ein Mensch auf ihnen nur ein paar Gramm wiegen würde; er könnte von ihren Oberflächen direkt in den Weltraum springen – auf Nimmerwiedersehen. Ein vorsichtiger Hopser könnte einen auf eine chaotische Umlaufbahn tragen, bis man nach einigen Tagen langsam wieder auf die Oberfläche zurücktaumelte. Und ein nach vorn geworfener Stein träfe einen vielleicht nach geraumer Zeit am Hinterkopf. Selbst die vorsichtigste Bewegung würde gehörig Staub aufwirbeln, der tagelang über dem Boden schwebte, ehe er sich wieder auf ihn niedersenkte.

Vor eineinhalb Jahren erreichte zum ersten Mal eine Raumsonde einen der erdnahen Asteroiden. Er trägt den Namen Eros, ist 33 Kilometer lang und 13 Kilometer breit, hat die Form einer Kartoffel und dreht sich einmal in fünfeinhalb Stunden um die eigene Achse. Die Mission der Raumsonde NEAR zu dem 300 Millionen Kilometer entfernten Winzling gilt als wissenschaftlicher Meilenstein in der Erforschung unseres Sonnensystems.

Nachdem die NEAR-Sonde auf ihrem langen Weg zu Eros vor etwa dreieinhalb Jahren den Asteroiden Mathilde passiert und fotografiert hatte, erkannten die Astronomen, dass sich auf dessen Oberfläche erstaunlich große Krater zeigten. Sie künden von gewaltigen Einschlägen. Aber wieso, so fragten sich die Forscher, ist der Kleinplanet von diesen Einschlägen nicht zertrümmert worden? Als Erklärung kommt eigentlich nur in Frage, dass Asteroiden eine sehr geringe Dichte haben. Ein poröses Gebilde kann einem heftigen Schlag viel besser widerstehen als ein kompakter Festkörper. Er kann die Energie des Einschlags verschlucken und gleichmäßig verteilen; die gegenüberliegende Seite wird kaum erschüttert.

Asteroiden, so folgerte man, sind höchstwahrscheinlich zusammengesetzte Gebilde; sie gleichen einem Haufen von losem Schutt.

Sie sind gerade groß genug, um ihre Teile zusammenzuhalten, aber zu klein, um ihre unregelmäßige Form abzurunden und einen »richtigen«, das heißt kugelförmigen Planeten abzugeben.

Am Montag, dem 12. Februar 2001, landete NEAR auf Eros – die erste Landung einer Raumsonde auf einem Asteroiden. Während des Abstiegs auf den kartoffelförmigen Schutthaufen sendete die Bordkamera Fotos zur Erde, auf denen noch Gesteinsbrocken von der größe eines Fußballs zu erkennen sind. Das letzte Foto schoss die Bordkamera aus einer Höhe von etwa zweihundert Metern. Die Funksignale der Sonde brauchen 17 Minuten, ehe sie die Erde erreichen.

Trotz seines lieblichen Namens könnte Eros in ferner Zukunft der Erde gefährlich werden. Man hat berechnet, dass der Kleinplanet in der nächsten Jahrmilliarde mit fünfprozentiger Wahrscheinlichkeit die Erde treffen wird. Dann würde Eros die Raumsonde NEAR huckepack zur Erde zurückbringen.

Als immer wiederkehrende Gäste im Sonnensystem müssen noch die Kometen genannt werden, die die Sonne in mehr oder weniger lang gestreckten Bahnen umrunden. Einige kommen schon nach wenigen Jahren wieder, andere nach Hunderten oder gar Tausenden von Jahren. Der Komet Hale-Bopp, der im März 1997 am Nachthimmel zu sehen war, wird erst in etwa 2400 Jahren wiederkehren. Dabei hatte sich seine Umlaufzeit ohnehin schon um gut 1800 Jahre verkürzt, als er ziemlich nahe an Jupiter vorbeiflog. Die Anziehungskraft des Jupiters beschleunigte den Flug des Kometen.

Die Schönheit der Kometen am Nachthimmel täuscht darüber hinweg, dass sie nichts anderes als große dreckige Eisbälle von etwa einem bis einhundert Kilometer Durchmesser sind. Je näher ein Komet der Sonne kommt, umso stärker erhitzt sich dieser Eisball, und ein Teil seines Materials verdampft. Wenn ein Komet der Sonne am nächsten ist, kann er pro Sekunde Hunderte von Tonnen seines Materials verlieren. Diese Verdampfung bildet dann um den Kern die so genannte Koma, eine Gas- und Staubwolke von zehn- bis hunderttausend Kilometer Durchmesser. Die von der Sonne ins All geschleuderten elektrisch geladenen Teilchen – man spricht vom »Sonnenwind« – reißen diese Gaswolke vom Kopf des Kometen weg. So entsteht der charakteristische Kometenschweif. Er zeigt immer von der Sonne weg. Seine Länge kann bis zu hundert Millionen Kilometer betragen.

Die Frage, ob alle Sterne im Universum von Planeten und Kometen umkreist werden, ist bislang nicht zu beantworten. Selbst die stärksten Teleskope sind noch zu schwach, um bei den nächstgelegenen Sternen Planeten ausfindig zu machen, falls sie welche haben. Wir werden diese Frage aber noch genauer im letzten Teil des Buchs diskutieren.

Das Universum besteht vor allem aus Leere

Eine Grundeigenschaft sämtlicher kosmischer Objekte ist schon auf dieser untersten Ebene, also der unseres eigenen Sonnensystems, festzustellen: Sie befinden sich alle in Bewegung. Die Planeten oder Kometen kreisen um die Sonne, die Sonne kreist um sich selbst; auch die Planeten haben Eigenrotation. Die Monde wiederum kreisen um die Planeten und drehen sich dabei ebenfalls um sich selbst, einige schnell, andere langsamer.

Auch auf der nächsthöheren Ebene – das ist die der Galaxien – ist alles in Bewegung: Galaxien rotieren um ihr Zentrum, wobei sich unsere Milchstraße in etwa 240 Millionen Jahren einmal um sich selber dreht. In diesem Zeitraum kreist also auch unser Sonnensystem einmal um das Zentrum der Milchstraße. Die Sterne des Universums sind nicht wahllos im Kosmos verteilt, sondern ballen sich zu größeren Einheiten, den Galaxien, zusammen. Zwischen den Galaxien ist der Weltraum von Sternen leer. Bis heute fehlt den Astronomen eine genaue Beschreibung des Vorgangs der Sternkonzentration in Galaxien. Von »Konzentration« zu sprechen ist natürlich etwas irreführend. Bei genauerer Betrachtung zeigt sich nämlich, dass die Abstände zwischen den Sternen ungeheuer groß sind. Nicht nur zwischen den Galaxien ist Leere, sondern auch die Galaxien selbst bestehen vor allem aus Leere. Die uns nächsten Sterne sind schon über vier Lichtjahre entfernt, das heißt, ihr Licht braucht über vier Jahre, um zu uns zu gelangen.

Um solche unvorstellbaren Entfernungen ein wenig zu veranschaulichen, stellt man sich am besten vor, die Sonne, ein Stern von durchschnittlicher Größe, hätte die Ausmaße einer Glasmurmel. Dann befände sich der nächste Stern in unserer Milchstraße – auch als Glasmurmel angenommen – in einer Entfernung von etwa 200 Kilometern. Das wäre der durchschnittliche Abstand der Sterne innerhalb einer als »Haufen« von Glasmurmeln vorgestellten Galaxie – ein »Haufen«, der fast nur aus Leere besteht.

Eine Galaxie von durchschnittlicher Größe setzt sich aus ungefähr 100 Milliarden Sternen zusammen: 100 Milliarden Glasmurmeln mit einem Abstand von 200 Kilometern zwischen der einen Glasmurmel und ihrer nächsten. Die Galaxien zeigen unterschiedlichste Formen von beeindruckender Schönheit. Ein Drittel der beobachteten Galaxien erscheinen als mehr oder weniger ovale, lang gestreckte Sternhaufen. Die meisten Galaxien, nämlich etwa sechzig Prozent, weisen die Form einer flachen, diskusartigen Scheibe auf, mit spiralförmigen Armen und einem kugelförmig verdickten Kern, in dem die Sterne dichter beieinander liegen als im äußeren Bereich. Durch die Eigendrehung der Galaxien werden die Spiralarme »nachgezogen«, ähnlich wie bei einem Feuerrad, wobei sie an ihren Enden etwas ausfransen. Unsere Milchstraße, ebenso die benachbarte Andromeda-Galaxie, gehört diesem scheibenförmigen Galaxientyp an. Unser Sonnensystem befindet sich in einem der äußeren Spiralarme, etwa 30 000 Lichtjahre vom Zentrum der Milchstraße entfernt. Der Durchmesser der Milchstraße beträgt etwa 100 000 Lichtjahre.

Schließlich gibt es auch noch Galaxien ohne eine regelmäßige Form; diese machen aber nur etwa ein Zehntel aller Galaxien aus. Die Anzahl der Galaxien im zu beobachtenden Universum wird auf etwa 100 Milliarden geschätzt. Es gibt also ungefähr so viele Galaxien im Universum, wie es Sterne in einer durchschnittlichen Galaxie gibt.

Aufgrund der Massenanziehung zwischen Materie haben auch Galaxien die Neigung, sich zu Gruppen und Haufen zusammenzuschließen. Denn mögen sie auch noch so unvorstellbar weit voneinander entfernt sein, so bleibt die Massenanziehungskraft zwischen ihnen doch wirksam. Es ist eine Kraft, die unendlich weit wirkt, wobei sie allerdings mit dem Quadrat der Entfernung abnimmt, das heißt: Verdoppelt sich die Entfernung zwischen zwei Körpern, so geht die Anziehungskraft zwischen ihnen auf ein Viertel zurück.

Von Galaxiengruppen spricht man, wenn einige dutzend Galaxien einen Verband bilden. Von Haufen spricht man bei einem Verband von Tausenden von Galaxien.

Im Verhältnis zur Größe von Galaxien sind deren Abstände innerhalb einer Galaxiengruppe oder eines Galaxienhaufens eher gering. Wenn wir unser Murmelbeispiel auch auf die Galaxien anwenden, uns also unsere Milchstraße als eine Glasmurmel vorstellen, so befände sich die nächste Galaxie-Murmel, der Andromeda-Nebel, nur dreizehn Zentimeter entfernt. Zur Erinnerung: Zwischen den Stern-Murmeln betrugen die Abstände 200 Kilometer! So herrscht in Galaxienhaufen ein ziemliches Gedränge und es kann dabei auch zu Zusammenstößen zwischen Galaxien kommen.

Zusammenstöße zwischen Sternen sind wegen der riesigen Abstände so gut wie ausgeschlossen, was sich freilich wie ein Widerspruch anhört, denn wenn zwei Galaxien zusammenstoßen, müssen doch auch Sterne zusammenstoßen, denkt man. Doch die gewaltigen Abstände zwischen den Sternen machen das so gut wie unmöglich. Man geht davon aus, dass sich in den besonders dichten Galaxienhaufen etwa alle 500 Millionen Jahre ein Zusammenstoß zwischen zwei Galaxien ereignet. Dieser Zusammenstoß würde sich aber selbst wieder über Millionen Jahre erstrecken. Dabei können Galaxien miteinander verschmelzen oder einander durchdringen, wobei eine Galaxie der anderen Sterne entreißen kann. Das hört sich dramatisch an, ist aber für die Sterne der beiden Galaxien vollkommen folgenlos.

Auch unsere Milchstraße erwartet solch ein Zusammenstoß, und zwar mit der Andromeda-Galaxie. Kosmisch betrachtet befinden sich beide Galaxien nämlich in Tuchfühlung zueinander. Messungen haben ergeben, dass sich unsere Milchstraße und die Andromeda-Galaxie mit etwa 200 Kilometern pro Sekunde aufeinander zubewegen. Daraus folgt mit zwingender Notwendigkeit, dass sie in etwa 3,7 Milliarden Jahren zusammenstoßen werden. Auf ihrem Weg zueinander werden die beiden großen Galaxien noch einige kleinere galaktische Begleiter in sich aufnehmen.

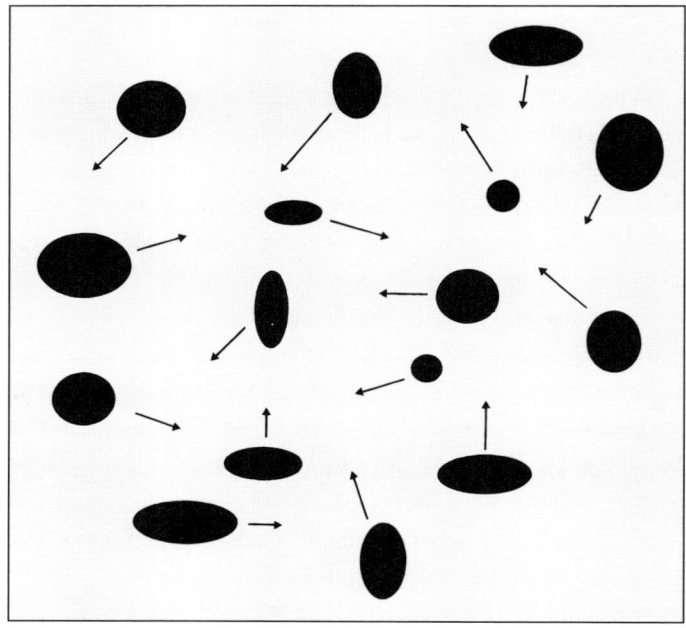

Die Galaxien bewegen sich unregelmäßig in einem Galaxienhaufen. Die Anziehungskräfte zwischen ihnen verhindern, dass sich
der Haufen auflöst. Zusammenstöße zwischen Galaxien sind dabei
unvermeidlich.

Der Kosmos – eine Badewanne
voll Seifenschaum

Unsere Milchstraße gehört zu einem Haufen von etwa zwei Dutzend großen und kleineren Galaxien. Man hat aber auch schon
Galaxienhaufen entdeckt, die aus weit über zehntausend Galaxien
bestehen. Doch mit den Galaxienhaufen sind noch nicht die größten
Einheiten im Universum erfasst. Die Haufen bilden ihrerseits wieder so genannte Superhaufen. Diese schließen sich, als wären sie auf
kosmischen Fäden aufgereiht, zu einem netz- oder wabenartigen
Muster zusammen. Die wabenartige Anordnung der Materie im
Kosmos wird auch gern mit Seifenschaum verglichen; die Galaxien-
superhaufen wären die Seife, und die Leerräume dazwischen wären
die Luftblasen, aus denen Seifenschaum ja vor allem besteht. Dieser

blasenartige Aufbau des Kosmos ist allerdings noch weitgehend unerforscht.

Auch der Galaxienhaufen, zu dem unsere Milchstraße gehört, ist Teil eines Superhaufens, der sich aus etwa zehn Galaxienhaufen zusammensetzt. Größere Einheiten als diese Superhaufen scheint es nach heutiger Kenntnis im Universum nicht zu geben. Das Netzgebilde aus Galaxienhaufen und -superhaufen nimmt nur etwa ein Zehntel des Universums ein. Neun Zehntel des Kosmos sind leer. Das Universum, so könnte man sagen, ist nichts weiter als eine unvorstellbar große Badewanne voll mit Seifenschaum.

Der Aufbau des Universums zeichnet sich also vor allem dadurch aus, dass die Objekte in ihm unvorstellbar weit voneinander entfernt sind – sieht man einmal von den Körpern innerhalb eines Sonnensystems ab. Die gewaltigen Abstände sind auch notwendig, denn andernfalls würden sich die Sterne und Galaxien allzu stark anziehen. Ständig würden Sterne und Galaxien zusammenstoßen. So aber garantieren die großen Abstände ein einigermaßen geordnetes und unveränderliches Universum. Die Veränderungen in diesen unvorstellbar großen Räumen finden in unglaublich großen Zeiträumen statt. Die Natur hat es äußerst weise eingerichtet, dass die Anziehung zwischen Körpern mit dem Quadrat der Entfernung abnimmt.

Das Sonnensystem, in dem sich die Himmelskörper relativ nahe zueinander befinden, funktioniert nur deshalb so reibungslos, weil der Anziehungskraft eine andere Kraft entgegenwirkt. Diese andere Kraft entsteht durch die Kreisbewegungen, die die Planeten und Monde vollführen.

Wenn in unserer Milchstraße irgendwo zwei Sonnen sehr nah beieinander stehen – und solche Fälle gibt es –, geht auch das nur ohne Katastrophe ab, weil dann die Sonnen einander ebenfalls umkreisen. Nicht selten wird solch ein enges Sternenpaar noch von einem dritten Sternbegleiter in einem etwas größeren Abstand umkreist. Zum Beispiel entpuppt sich einer unserer nächsten Sterne, Alpha Centauri, als ein Dreifachsternsystem, wenn man ihn durch ein starkes Fernglas betrachtet.

Jeder Blick in den Kosmos ist ein Blick in seine Vergangenheit

Die gewaltigen Entfernungen zwischen den Himmelskörpern bringen es mit sich, dass jeder Blick in den Weltraum ein Blick in seine Vergangenheit ist. Betrachte ich die Sterne, so sehe ich sie niemals so, wie sie »jetzt« sind. Ein Jetzt gibt es im Universum nicht, oder anders gesagt: Es gibt im Universum so viele »Jetzt«, wie es Orte gibt. Jeder Stern hat sein eigenes Jetzt. Die Gleichzeitigkeit ist im kosmischen Ganzen aufgehoben. Im Kosmos herrscht Ungleichzeitigkeit.

Unser Sternenhimmel besteht aus lauter vergangenen Ereignissen, denn jedes kosmische Ereignis braucht Zeit, um sein Bild – sein Licht-Bild – durch den Weltraum zu schicken. Obwohl diese Bildübertragung – man könnte auch »Informationsübertragung« sagen – mit Lichtgeschwindigkeit geschieht, also mit 300 000 Kilometern pro Sekunde, dauert es durchschnittlich drei Jahre, bis das Licht von einem Sternsystem zum nächsten gelangt. Wenn wir einen Stern wie Alpha Centauri durch den Feldstecher betrachten, so sehen wir ihn so, wie er vor 4,3 Jahren war. So lange hat das Licht trotz seiner rasenden Geschwindigkeit gebraucht, um von dort zur Erde zu gelangen. Betrachtet man den Andromeda-Nebel, sieht man ihn so, wie er vor 2,4 Millionen Jahren aussah. Natürlich muss man hinzufügen, dass sich eine Galaxie innerhalb von ein paar Millionen Jahren überhaupt nicht verändert, braucht sie doch schon hundertmal länger, um sich nur einmal um sich selber zu drehen. Jahrmillionen sind, kosmisch gesehen, keine nennenswerten Zeiträume.

Anders sieht es allerdings aus, wenn ich eine Galaxie durchs Teleskop betrachte, die Milliarden Lichtjahre entfernt ist: Ich sehe sie, wie sie vor Milliarden Jahren aussah. In solchen unvorstellbar langen Zeiträumen verändern sich auch Galaxien. Galaxien, die z.B. zehn und mehr Milliarden Lichtjahre entfernt sind, befinden sich gewissermaßen noch im Babyalter.

Streng genommen ist es auch in unserem eng begrenzten Sonnensystem so, dass wir unsere Sonne und die Planeten, ja selbst unseren Mond, niemals so sehen, wie sie im Augenblick unserer Beobachtung sind. Denn auch von ihnen braucht das Licht eine gewisse Zeit, bis es in unser Auge dringt. Beim Mond, unserem nächsten Himmelskörper, ist es bereits so, dass ich seinen »Jetztzustand« immer etwa eine Sekunde zeitversetzt wahrnehme, denn für die Entfernung Mond – Erde braucht das Licht etwas mehr als eine Sekunde. Von der Sonne bis zur Erde braucht das Licht bereits achteinhalb Minuten. Würde die Sonne »jetzt« explodieren, würden wir es auf der Erde erst nach achteinhalb Minuten merken – und keine Zeit mehr haben, uns darüber zu erschrecken. Pluto, der äußerste Planet unseres Sonnensystems, ist bereits 5,2 Lichtstunden von uns entfernt.

Jeder Blick ins Universum ist somit nicht nur ein Blick über eine Entfernung hinweg, sondern auch ein Blick in die Vergangenheit. Wir können nicht in den Weltraum hinausschauen, ohne dabei in die Zeit zurückzublicken. Teleskope sind Raum- und Zeitüberwinder. Teleskope sind Zeitmaschinen, freilich solche, mit denen unser Auge immer nur in die Vergangenheit, doch niemals in die Zukunft reisen kann.

»Gleichzeitigkeit«, eine vertraute Erfahrung unseres täglichen Lebens, löst sich in den kosmischen Dimensionen vollkommen auf. Zwei Beobachter im Kosmos, die sehr weit voneinander entfernt wären, würden ein und demselben Ereignis, das von ihnen beiden ebenfalls sehr weit entfernt wäre, völlig verschiedene Zeiten und Positionen zuweisen. Das Ereignis fände für beide Beobachter nicht gleichzeitig statt und auch nicht am selben Ort. Der eine Beobachter, der sich näher am Ereignis befände, würde sagen: Es fand vor drei Millionen Jahren statt, denn seine Messungen würden genau das ergeben. Der andere, weiter entfernte Beobachter würde sagen: Es fand vor vier Millionen Jahren statt, und auch er hätte seine Messungen korrekt ausgeführt. Hinzu käme, dass der eine Beobachter das Ereignis in einem Sternbild, der andere in einem ganz anderen vorfinden würde.

Aus dieser verblüffenden Tatsache ergeben sich weit reichende Folgen für unser Verständnis des Universums. Dort gilt vieles von dem nicht mehr, was wir für unser alltägliches Leben auf dem kleinen Planeten Erde als selbstverständlich betrachten. Die Zeit, die wir als etwas Absolutes und Unveränderliches ansehen, wird zu einer abhängigen Größe: Sie hängt von der Bewegung und von der Position des Beobachters ab, von dem Ort, an dem er sich im Kosmos befindet, und von der Bewegung, die er in diesem Kosmos ausführt.

Was »in diesem Augenblick« irgendwo im Universum geschieht, liegt außerhalb unseres Erfahrungshorizonts. Unsere Gegenwart hier auf der Erde bewegt sich sozusagen vor einer Kulisse aus lauter kosmischen Vergangenheiten. Der Kosmos, den wir sehen, ist nur ein Licht-Bild von etwas, das mal war. Da drängt sich natürlich die Frage auf: Was ist der Kosmos wirklich, was ist kosmische Wirklichkeit?

Man soll jetzt allerdings nicht meinen, dass beim Blick in den Kosmos andere Naturgesetze herrschen als bei einem Blick zum Fenster hinaus auf die Straße. Es müssen im ganzen Universum überall die gleichen Naturgesetze herrschen, nur so hat es überhaupt einen Sinn, den Kosmos verstehen zu wollen. Dass wir niemals etwas so sehen, wie es »jetzt« ist, das gilt in der Tat nicht nur beim Blick ins Weltall. Es wird nur dort besonders deutlich, weil die Entfernungen unvorstellbar groß sind. Denn das Licht, das uns so rasend schnell erscheint, bewegt sich gegenüber diesen Entfernungen auf einmal wie im Schneckentempo vorwärts. Doch auch bei den relativ kleinen Entfernungen, mit denen wir es auf der Erde zu tun haben, gibt es genau genommen keine Gleichzeitigkeit. Denn auch auf der Erde ist es so, dass alles, was für mich sinnlich erfahrbar ist, höchstens mit Lichtgeschwindigkeit zu mir gelangen kann. Den Freund zum Beispiel, der »in diesem Moment« in dreihundert Meter Entfernung auf einen Baum klettert, sehe ich nicht so, wie er »jetzt« ist, sondern so, wie er vor einer millionstel Sekunde »war«. Nur ist dieser Zeitunterschied so winzig, dass er für uns bedeutungslos ist. Trotzdem besteht er.

Raum und Zeit sind dehnbar wie Gummi

Auch Albert Einstein (1879–1955), der wohl genialste Physiker unseres Jahrhunderts, ging von der simplen Frage aus, was wir eigentlich damit meinen, wenn wir sagen, dass zwei Ereignisse gleichzeitig geschehen. Sein Genie bestand nicht zuletzt darin, einfache Fragen zu stellen und sie konsequent und mit mathematischer Strenge zu durchdenken, wobei Mathematik gar nicht Einsteins große Stärke war. Sein Nachdenken über die Gleichzeitigkeit von Ereignissen führte ihn zu einer radikalen These über das Wesen der Zeit. Sie lautet: Es gibt keine absolute Zeit.

Bis dahin waren die Physiker der festen Überzeugung gewesen, dass es für das ganze Universum nur eine einzige, alles durchdringende, alles umfassende universelle Zeit gibt. Diese Zeit sei einfach da und laufe überall im Kosmos gleich ab. Einstein hingegen fand heraus, und zwar nur mithilfe mathematischer Überlegungen, dass die Zeit, die eine Uhr misst, davon abhängt, wo diese sich im Kosmos befindet und mit welcher Geschwindigkeit sie sich bewegt. Diese Behauptung, falls sie richtig ist, wirft unser gewohntes Bild von der Welt vollkommen über den Haufen. Wir sehen schon mal nicht ein, wieso eine Uhr, die sich bewegt, anders gehen soll als eine, die einen festen Standort hat. Ebenso wenig sehen wir ein, wieso eine Uhr auf der Erde anders gehen soll als auf dem Mond oder auf einem Stern einer entfernten Galaxie.

Eine Uhr, so redet uns unser »gesunder Menschenverstand« ein, sollte doch immer gleich gehen, vorausgesetzt, sie ist in Ordnung. Sie sollte stets nichts anderes als das Verstreichen von Sekunden, Minuten und Stunden anzeigen. Doch Einstein hielt nichts vom »gesunden Menschenverstand«, für ihn war er nur eine Ansammlung von Vorurteilen. Einsteins Überlegungen führten die Vorstellung einer veränderlichen Zeit in die Physik ein. Bis dahin hatte die Physik die Zeit als etwas Starres und Unveränderliches betrachtet. Der Beweis, dass das, was Einstein da einführte, richtig war, gelang ihm, indem er die Zeit unlösbar verband mit dem Beobachter, der die Zeit misst. Das hatte die Physik bis dahin nicht getan. Sie hatte dazu auch keinen Grund gesehen, betrachtete sie die Zeit doch als etwas Übergeordnetes und Absolutes, das unabhängig sein sollte von demjenigen, der sie mit einer Uhr maß. Für Einstein gab es *die* eine Zeit nicht. Es war für ihn nur sinnvoll, von *meiner* oder *deiner* Zeit zu sprechen, je nachdem, wo man sich befand und wie schnell man sich bewegte. Zeit, so formulierte es Einstein, ist relativ. Oder anders gesagt: Zeit ist verhältnismäßig, je nach Standpunkt und Bewegung des Beobachters verschieden.

Der Schlüssel zum Verständnis dieser reichlich verwirrenden Behauptung ist das Licht, das uns inzwischen ja ein vertrauter Weggefährte bei unserem Spaziergang durchs Universum geworden ist. Für Einstein ist allein das Licht, genauer: die Lichtgeschwindigkeit, das Übergeordnete, Absolute und Unveränderliche im Universum. Die Lichtgeschwindigkeit ist eine universelle, unveränderliche Konstante. Einstein benutzt die Lichtgeschwindigkeit, um zu beweisen, dass die Zeit nichts Übergeordnetes und Absolutes sein kann.

Er geht von zwei grundlegenden Forderungen aus, deren Richtigkeit erst einmal nicht zu beweisen ist, die aber trotzdem glaubhaft und einsichtig sind. Die Naturwissenschaftler nennen solche Forderungen »Postulate«. Die erste Forderung lautet: Die Lichtgeschwindigkeit ist für alle Beobachter im Universum gleich groß, egal, wie schnell sie sich selber durch den Kosmos bewegen. Sie beträgt immer 300 000 Kilometer pro Sekunde, unabhängig davon, ob der Beobachter sich auf die Lichtquelle zu- oder sich von ihr fortbewegt. Der exakte Wert der Lichtgeschwindigkeit im luftleeren Raum beträgt 299792,458 Kilometer pro Sekunde. Die zweite Forderung lautet: Für alle Beobachter im Universum gelten ausnahmslos die gleichen Naturgesetze, das heißt, es herrschen in der einen Galaxie nicht diese und in der nächsten Galaxie ganz andere Gesetze. Ohne diese Forderung kann man das Universum nicht verstehen, es wäre dann letztlich alles möglich, auch das Unmögliche. So wird es einem kaum Schwierigkeiten bereiten, diese zweite Forderung zu akzeptieren. Wieso sollten in verschiedenen Gebieten des Universums unterschiedliche Naturgesetze herrschen? Das ergäbe einen reichlich chaotischen Kosmos.

Das Licht macht das Universum endlich

Das erste Postulat Einsteins macht uns bei genauerem Nachdenken allerdings einige Schwierigkeiten: Die Geschwindigkeit des Lichts soll stets gleich sein, unabhängig davon, ob sich eine Lichtquelle auf den Beobachter zu- oder von ihm wegbewegt oder ob sich der Beobachter auf die Lichtquelle zu- oder von ihr wegbewegt. Nach den Gesetzen der klassischen Physik, die in unserer Alltagswelt auf der Erde Gültigkeit hat, dürfte das nicht so sein. Danach müsste sich das Licht umso schneller auf einen zubewegen, je schneller man sich auf die Lichtquelle zubewegt.

Würde sich zum Beispiel ein Raumschiff mit einer Geschwindigkeit von 100000 Kilometern pro Sekunde auf einen Stern zubewegen, so müsste das Sternenlicht doch mit einer Geschwindigkeit von 400000 Kilometern pro Sekunde auf das Raumschiff prallen. Zwei mit Lichtgeschwindigkeit aufeinander zurasende Raumschiffe müssten nach der klassischen Physik eine relative Geschwindigkeit zueinander von 600000 Kilometern pro Sekunde haben. Denn nach der klassischen Physik entspricht die Geschwindigkeit, mit der sich zwei Fahrzeuge aufeinander zubewegen, der Summe beider Einzelgeschwindigkeiten.

Doch für das Licht, so fordert Einstein, gilt dieses physikalische Gesetz nicht. Das Licht hat stets die gleiche relative Geschwindigkeit von 300000 Kilometern pro Sekunde. Es spielt damit eine absolute Sonderrolle in der physikalischen Welt. Diese Sonderrolle des Lichts garantiert erst, dass der Kosmos einen Zusammenhalt bekommt. Das Licht setzt allen Körpern im Universum eine obere Grenze der Geschwindigkeit, egal, wie sie sich zueinander bewegen. Wäre das nicht so und gäbe es somit die Möglichkeit, relative Geschwindigkeiten zu erreichen, die über der Lichtgeschwindigkeit liegen, dann würden wir in diesen Fällen plötzlich die Wirkungen vor den Ursachen sehen können, oder anders gesagt: Es wäre möglich, in die Zukunft zu reisen. Die Zeit ließe sich wie ein Handschuh von innen nach außen stülpen: wir könnten ein Ereignis erreichen, bevor das Licht dieses Ereignisses bei uns eingetroffen ist und sogar bevor es stattgefunden hat.

Mit solchen Gedankenspielen werden wir uns später noch eingehender befassen. Vorerst ist es sinnvoller, ganz nüchtern festzustellen, dass die Geschwindigkeit des Lichts immer gleich ist und eine Grenzgeschwindigkeit darstellt. Kein Körper im Universum kann über die Lichtgeschwindigkeit hinaus beschleunigt werden. Damit zerplatzt leider auch der reizvolle Traum von zukünftigen Raumschiffen, die mit mehrfacher Lichtgeschwindigkeit durch den Weltraum rasen. Die ganze Science-Fiction-Literatur begründet sich also auf etwas, das physikalisch nicht möglich ist.

Streng genommen behauptet Einsteins Theorie gar nicht, dass keine größeren Geschwindigkeiten als die des Lichts möglich sind. Sie lässt durchaus zu, dass sich Objekte mit Überlichtgeschwindigkeit fortbewegen, doch nur dann, wenn diese Objekte sich niemals langsamer als das Licht bewegen können. Ihre Geschwindigkeit muss von Anbeginn ihres Daseins immer größer als die Lichtgeschwindigkeit sein. Nach Einsteins Theorie kann die »Lichtmauer« niemals durchbrochen werden, weder von der einen Seite noch von der anderen. Das grenzenlose Universum setzt also eine strikte Grenze, wo es um Geschwindigkeiten geht.

Der Kosmos hat weder ein Zentrum noch einen Rand

Das Universum setzt aber auch noch in anderer Hinsicht Grenzen: Es gibt in ihm keinen Mittelpunkt, keinen besonderen Ort, der sich in Ruhe befinden würde und auf den die Bewegungen aller übrigen Himmelskörper bezogen werden könnten. Kein Ort im Universum ist gegenüber einem anderen herausgehoben. Für die Betrachtung des Universums ist ein Ort so gut wie jeder andere. Nichts anderes meint letztlich das etwas magisch klingende Wort »Relativität«. Bei Bewegungen von Körpern im Kosmos kann man niemals sagen, dass sich dieser oder jener Körper mit dieser oder jener Geschwindigkeit fortbewegt. Ebenso wenig kann man sagen, er bewegt sich in diese oder jene Richtung durch den Weltraum fort. Es muss bei solchen Aussagen, wenn sie sinnvoll sein sollen, immer hinzugefügt werden, dass sich ein Körper *in Beziehung zu einem anderen Körper* mit einer bestimmten Geschwindigkeit bewegt, und zwar auf ihn zu oder von ihm weg. Man braucht sich nur mal vorzustellen, man befände sich in einer Weltraumkapsel weit weg von einem Stern oder Planeten, also irgendwo im leeren, endlosen Raum zwischen den Sternen. Man wäre in seiner Raumkapsel vollkommen schwerelos, hätte also nicht einmal in der Kapsel eine Vorstellung von oben und unten, vorn und hinten. Man spürte keinerlei Bewegung, auch keine Beschleunigung, denn die Kapsel bewegte sich mit gleich bleibender Geschwindigkeit. Aber könnte man überhaupt sagen, dass sie sich bewegt? Es wäre unmöglich. Denn dazu bräuchte man einen anderen Fixpunkt, auf den man die Bewegung der Kapsel beziehen könnte. Mag sein, dass hin und wieder ein Meteorit draußen vorbeisauste, aber selbst dann würde man nicht sagen können, dass man sich bewegt. Vielleicht bewegt sich nur der Meteorit, vielleicht bewegen sich beide, Meteorit und Raumkapsel, vielleicht bewegt sich nur die Raumkapsel und der Meteorit steht still. Es wäre eine Aussage so richtig oder so falsch wie die andere. Umgeben von nichts als leerem Raum wäre man außerstande festzustellen, ob man sich *durch* den Weltraum bewegt oder nicht. Es gäbe keinen Anhaltspunkt, an dem man die eigene Bewegung ablesen könnte.

Indem nun vertraute Wörter wie »Raum« und »Zeit« beim Blick in den Kosmos ihre Absolutheit einbüßen und zu ganz und gar relativen Wörtern geworden sind, ergeben sich daraus weit reichende Folgen für die Beschaffenheit des kosmischen Raums und der kosmischen Zeit. Die Vorstellung, der Kosmos sei im Prinzip nichts anderes als ein unvorstellbar großer Schuhkarton, in dem allerlei herumfliegt, diese Vorstellung ist falsch. Denn wäre sie richtig, dann könnte man die Bewegungen aller Himmelskörper auf etwas Übergeordnetes, in sich Ruhendes beziehen: auf die Wände und Böden des kosmischen Schuhkartons. Man könnte die Orte, an denen sich die Himmelskörper befinden, als absolut festgelegte Orte bestimmen. Und Zeitangaben würde man durch eine einzige kosmische Uhr gewinnen, die gewissermaßen an einer Wand des Schuhkartons hinge und deren Zeitangabe für den ganzen Karton gültig wäre. Aber wir haben ja gerade gesehen, dass dies im Kosmos nicht möglich ist, weil jeder Beobachter einem bestimmten Körper einen ganz persönlichen Ort und eine ganz persönliche Zeit zuordnen würde. Im Universum geht keine einheitliche Uhr und existiert auch kein einheitlicher Meterstab. Das einzige Einheitliche ist das Licht mit seiner überall gleichen Ausbreitungsgeschwindigkeit.

Das Licht – eine Art Klebstoff

Das Licht ist gewissermaßen der Klebstoff, der Raum und Zeit zusammenhält. Denn das Licht ist Uhr und Metermaß in einem. Raum und Zeit sind im Universum nicht mehr voneinander zu trennen, sie werden vom Licht zusammengeschweißt. Die drei Dimensionen des Raums (Länge, Breite, Höhe) verschmelzen mit der Dimension der Zeit zu einer Einheit mit vier Dimensionen. Das Ärgerliche an dieser vierdimensionalen Einheit ist, dass wir sie uns nicht vorstellen können. Wir haben zwar eine Vorstellung von dreidimensionalen Räumen und ebenso von der gleichmäßig ablaufenden Zeit, aber die Verschmelzung von beiden zu einer vierdimensionalen Raumzeit können wir mit unseren Sinnen nicht nachvollziehen. Ein Computer hingegen hat damit keine Schwierigkeiten, doch der muss sich ja auch nichts vorstellen. Er stellt sich die Raumzeit nicht vor, sondern berechnet sie.

Auch wenn wir uns die Raumzeit nicht vorstellen können, ändert das nichts daran, dass es sie gibt; sie kann mathematisch exakt beschrieben werden. Es gibt sie, auch wenn wir sie nicht sehen können. Mit dieser Beschränktheit unserer Erfahrungsmöglichkeiten müssen wir uns leider abfinden.

Sprechen wir von einem x-beliebigen Punkt im Weltraum, so müssen wir stets hinzufügen, welche Bewegung er uns gegenüber ausführt. Sprechen wir aber von Bewegungen, also von Geschwindigkeiten, so kommt automatisch die Zeit ins Spiel. Ein Punkt im Universum hat also immer die Eigenschaft, relativ zu einem Beobachter in Bewegung zu sein. Denn im Kosmos ist alles in Bewegung, von den Gaswolken, Planeten und Sonnen bis zu den Galaxien und Galaxienhaufen. Man könnte also sagen: Ein Punkt im Universum ist immer eine Punktzeit. Weil sich das etwas befremdlich anhört, spricht man lieber davon, dass ein Punkt im Universum die Eigenschaft eines Ereignisses hat. Jeder Punkt im Kosmos *ist* ein Ereignis, ein Punktgeschehen. Damit ist auch ausgedrückt, dass es im Universum keinen absoluten Ruhepunkt gibt. Jeder Punkt ist ein Ereignis, und dieses Ereignis ist unlösbar mit der Lichtgeschwindigkeit gekoppelt, insofern es sich mit Lichtgeschwindigkeit mitteilt, also Licht aussendet.

Dass im Kosmos Raum und Zeit zur Raumzeit verschmolzen sind, lässt sich schon daran erkennen, dass eine räumliche Angabe – etwa die Entfernung zwischen zwei Sternen – automatisch auch eine zeitliche Angabe ist. Aber das wissen wir ja schon: Alle Weltraummessungen sind immer auch Zeitmessungen und umgekehrt. Die Entfernungsangabe »ein Lichtjahr« bedeutet die Strecke, die das

Licht in einem Jahr zurücklegt (9,46 Billionen Kilometer), und ist zugleich eine Zeitangabe: eben dieses eine Jahr, das das Licht unterwegs war. Raum und Zeit sind in der kosmischen Streckenangabe »Lichtjahr« unlösbar miteinander durch den absoluten »Klebstoff« Licht verbunden. Der Weltraum besteht aus dem unsichtbaren Gewebe der Raumzeit, und das Licht ist gleichsam der Faden, der dieses kosmische Gewebe zusammenhält. Bezogen auf das ganze Universum haben sich Raum und Zeit als getrennte Größen verflüchtigt; sie behalten dort nur noch in ihrer Verschmelzung eine Wirklichkeit.

Die Raumzeit –
ein ziemlich krummes Ding

Das unsichtbare, nur mathematisch fassbare Raumzeit-Gewebe ist nicht starr, sondern, wie das für Gewebe typisch ist, verformbar. Die Raumzeit kann sich strecken oder schrumpfen, und zwar in dem Maße, wie die Zeit dehnbar oder verkürzbar ist. Denn, wie wir schon wissen: Es gibt keine absolute, im ganzen Kosmos gleich ablaufende Zeit. Die gemessene Zeit ist immer abhängig von der Geschwindigkeit der Uhr, die die Zeit misst, und von ihrer Entfernung zu einem massereichen Körper. Im Prinzip gibt es im Kosmos unendlich viele Uhren, denn ich kann letztlich jeden Körper, egal, wie groß oder klein er ist, als eine Art Uhr betrachten.

Zumindest gilt das für jeden sichtbaren Körper. Denn in dem Moment, da ein Körper Licht aussendet, kann ich mithilfe der Lichtwellen die Zeit messen. Die ausgesandte Lichtwelle gibt das Zeitmaß. Durch ihr gleichmäßiges Pulsieren lässt sich der Ablauf der Zeit in exakt gleiche »Portionen« zerstückeln, eben in jene »Zeit-Portionen«, die zwischen zwei Wellenbergen liegen. Nichts anderes machen auch alle anderen Arten von Uhren: Sie zerstückeln die Zeit, etwa durch das periodische Schwingen eines Quarz-Kristalls in einer Quarzuhr oder den periodischen Lauf von Zahnrädern in einer mechanischen Uhr. Akustisch kann man dieses Zerstückeln der Zeit als Ticken wahrnehmen. Auch Lichtwellen »ticken«, wenn man so will. Die Lichtwelle ist das »Ticken« des Atoms. Je kürzer die Wellenberge aufeinander folgen, umso schneller »tickt« das Atom. Der Kosmos ist sozusagen voll gepackt mit Uhren. Jedes Atom ist eine Uhr.

Nach Einsteins Theorie ist es aber so, dass sich Licht gegenüber der Massenanziehungskraft von Körpern genauso verhält, als wäre es selber Masse. Licht wird von Masse angezogen. Das muss auch so sein, denn in der Relativitätstheorie Einsteins gibt es keinen grundsätzlichen Unterschied mehr zwischen Energie und Masse. »Masse« und »Energie« sind zu austauschbaren Begriffen geworden. Ausgedrückt wird dieses Austauschverhältnis von Masse und Energie in Einsteins berühmter Formel $E = mc^2$. E ist die Energie, m ist die Masse und c ist die Lichtgeschwindigkeit. Auch hier erscheint die Lichtgeschwindigkeit wieder als eine verbindende Größe. Sie knüpft, wie wir gesehen haben, Raum und Zeit unlösbar zur Raumzeit zusammen, und sie macht es möglich, die Masse als Energie und die Energie als Masse zu betrachten. Wenn man also sagt: Die Sonne scheint, könnte man genauso gut sagen: Die Sonne gibt Masse ab. Oder wenn ich einem Stück Eisen so viel Energie zuführe, dass es zu glühen anfängt, könnte man sagen: Das glühende Eisenstück hat mehr Masse, ist also schwerer als im kalten Zustand. Einsteins berühmte Formel sagt im Grunde nichts anderes, als dass Masse gleich Energie ist.

Aus dieser simplen Feststellung ergeben sich weitere verblüffende Tatsachen für den Fall, dass sich ein Körper mit sehr hoher Geschwindigkeit, also fast Lichtgeschwindigkeit, bewegt. Je mehr sich die Geschwindigkeit eines Körpers der des Lichts annähert, umso größer wird seine Masse. Einsteins Theorie zufolge bewirkt die Bewegungsenergie, die ein Körper hat, dass er schwerer erscheint als in Ruhe. Er hat dann mehr Masse. Bei gewöhnlichen Geschwindigkeiten ist diese Wirkung allerdings verschwindend klein. Sie wirkt sich erst spürbar aus bei Geschwindigkeiten ab ein paar tausend Kilometern pro Sekunde. Die dem dahinrasenden Körper innewohnende Bewegungsenergie wird dann so hoch, dass sie als Massenzuwachs messbar wird.

Die Energie, die wir allgemein als etwas Geistiges, Nichtmaterielles betrachten, hat auf einmal ein messbares Gewicht. Moderne Teilchenbeschleuniger sind in der Lage, Teile von Atomen, zum Beispiel Elektronen oder Protonen, bis fast auf Lichtgeschwindigkeit zu beschleunigen. Dabei kann man mit komplizierten Messgeräten feststellen, dass ihre Massen um ein Vielfaches zunehmen. Bei zunehmender Masse wird es jedoch immer schwieriger, den Körper noch weiter zu beschleunigen; man braucht immer höhere Energien, um den Körper noch näher an die Lichtgeschwindigkeit heranzubringen. Weil die Lichtgeschwindigkeit eine Grenzgeschwindigkeit ist, die von keinem Körper, auch von keinem noch so winzigen Elementarteilchen, erreicht werden kann, bedeutet das für die Masse eines bewegten Körpers, dass sie bei Erreichen der Lichtgeschwindigkeit unendlich groß würde.

Das macht verständlich, warum es auch in ferner Zukunft keine Raumschiffe geben wird, die mit Lichtgeschwindigkeit – oder noch schneller – fliegen. Um sie an die Lichtgeschwindigkeit heranzubringen, wäre eine unendlich große Energiemenge nötig. Hinzu käme noch das Problem der Fliehkräfte. Eine Beschleunigung auf Lichtgeschwindigkeit würde die Insassen des Raumschiffs zu Brei zerquetschen. Es müsste die Fliehkraft durch eine entsprechend große Gegenkraft ausgeglichen werden, um breiförmige Astronauten zu verhindern. Zum Aufbau einer solchen Gegenkraft wären aber wieder unendlich hohe Energien nötig.

Jedes Atom misst seine eigene Zeit

Wenn Energie und Masse einander entsprechen, muss auch das Licht – als eine besondere Form von Energie – der Massenanziehungskraft unterliegen. So ist es auch. Einsteins Voraussage ist längst durch Experimente bewiesen: Licht wird von Masse angezogen. Dabei verliert das Licht an Energie, seine Frequenz nimmt ab. Die Lichtwelle wird gestreckt, das heißt, der Zeitraum zwischen zwei Wellenbergen wird länger. Dieser Dehnungseffekt, den die Massenanziehungskraft auf das Licht ausübt, hat natürlich Folgen für die Zeit, die mit diesem Licht gemessen wird.

Wenn nun aber durch Massenanziehungskräfte die Lichtwelle gedehnt wird, so verändert sich natürlich auch die Zeiteinheit, die mit dem Abstand zwischen zwei Wellenbergen dargestellt wird. Die Zeit vergeht langsamer, je stärker die Massenanziehungskraft ist, die auf die Uhr einwirkt. Die Uhr tickt langsamer, weil das Licht, mit dem sie die Zeit misst, langwelliger wird. Das bedeutet nicht, dass die Uhr auf einmal falsch geht, vielmehr hängt ihr Gang davon ab, wo sie sich befindet, zum Beispiel in der Nähe eines massereichen Körpers oder entfernt davon.

Nehmen wir nun als Uhr ein Licht aussendendes Atom. Wird dieses Atom beschleunigt, so nimmt dabei seine Masse zu, und zwar umso stärker, je näher seine Geschwindigkeit an die des Lichts herankommt. Je mehr aber die Masse des beschleunigten Atoms zunimmt, umso mehr verliert das von ihm ausgesandte Licht an Energie. Die Massenanziehung des Atoms wird immer stärker, gleichzeitig wird das Licht, das es aussendet, immer langwelliger. Das Atom »tickt« immer langsamer, je näher es an die Lichtgeschwindigkeit herankommt, natürlich nur relativ zu einem in Ruhe befindlichen Beobachter. Die Zeit des dahinrasenden Atoms dehnt sich im Verhältnis zur Zeit des ruhenden Beobachters. Durch Bewegung dehnt sich oder schrumpft die Zeit.

Atome sind sehr genaue Uhren, weil ihr »Ticken« immer gleich bleibt, vorausgesetzt, sie bewegen sich mit gleicher Geschwindigkeit relativ zum Beobachter. In den Atomuhren, die überall auf der Erde die genaue Zeit geben, ist es das Element Cäsium, dessen Strahlungsfrequenz benutzt wird, um die Länge einer Sekunde exakt zu bestimmen. Diese Uhren – so auch die Standarduhr in Braunschweig – gehen derart genau, dass sie in zehn Millionen Jahren nur um eine Sekunde vor- oder nachgehen.

Auf der Sonne vergeht die Zeit langsamer als auf der Erde

Mithilfe der sehr genauen Cäsium-Atomuhren war es möglich, die von Einstein vorausgesagte Zeitdehnung durch den Einfluss der Massenanziehung zu bestätigen. Man konnte nachweisen, dass von zwei vollkommen gleichen Uhren die, die sich direkt auf dem Erdboden befindet, langsamer geht als jene, die man auf der Spitze eines Turms angebracht hatte. Denn die Massenanziehungskraft der Erde nimmt mit der Entfernung von der Erdoberfläche ab. Oben auf dem Turm wird die Zeit deshalb ein klein bisschen weniger gedehnt. Auf dem Turm ist eine Sekunde also etwas kürzer. Besonders für die moderne Raumfahrt ist diese Erkenntnis der Relativitätstheorie von entscheidender praktischer Bedeutung: Würde man das unterschiedliche »Tempo« der Zeit in verschiedenen Höhen über der Erde und bei verschiedenen Geschwindigkeiten nicht berücksichtigen, so ergäben sich bei Kopplungsmanövern im All Fehler von mehreren Kilometern. Die ganze Raumfahrt wäre ohne Einsteins Relativitätstheorie gar nicht möglich.

Auf der Sonne zum Beispiel würde ein und dieselbe Atomuhr langsamer gehen als auf der Erde, da auf der Sonne eine über dreihunderttausend Mal größere Massenanziehungskraft herrscht. Trotzdem wäre die Zeitdehnung relativ zur Erde nur gering. Einstein errechnete, dass eine Zeitsekunde auf der Sonne 1,000002 Erdsekunden entspricht. So gering dieser Unterschied ist, er kann von der Physik, die ja eine exakte Wissenschaft sein will, nicht einfach vernachlässigt werden. Gerade an solch einem Beispiel zeigt sich die Genialität von Einsteins Theorie: Sie sagt diese kaum messbare Zeitdehnung voraus und erklärt auch noch, wie sie zustande kommt.

Auch dafür, dass die Zeit für einen Körper umso langsamer vergeht, je schneller er sich gegenüber einem anderen bewegt, gibt es längst eindeutige Beweise. Man braucht nur die kosmische Strahlung, die pausenlos aus dem All auf der Erde eintrifft, genauer zu untersuchen. Es handelt sich hierbei um Materieteilchen mit sehr hoher Energie. Die hohe Energie rührt von der hohen Geschwindigkeit der Teilchen, die der des Lichts sehr nahe kommt. Würde die Erdatmosphäre nicht wie ein Schutzschild wirken, wäre die Strahlung so intensiv, dass alles Leben auf der Erde unmöglich wäre. Die meisten dieser energiereichen Teilchen dringen gar nicht bis zur Erdoberfläche durch, weil sie zuvor mit einem Atom der Lufthülle zusammenstoßen. Die Wucht bei einem solchen Zusammenstoß ist so groß, dass das getroffene Atom zertrümmert wird. Die meisten dieser Atomtrümmer lösen sich in Bruchteilen von Sekunden auf, bei einigen dauert es aber etwas länger. Zu ihnen gehört auch das sogenannte Myon. Dieses Teilchen ist dem Elektron sehr ähnlich, es unterscheidet sich nur durch eine größere Masse, es ist also schwerer.

Die meisten dieser Myonen schaffen es, die Erdoberfläche zu erreichen, bevor sie in normale Elektronen zerfallen sind. Man kann sie dort mit einem besonderen Gerät, dem Geigerzähler, feststellen. Das Interessante ist nun, dass diese Myonen die Erdoberfläche gar nicht erreichen dürften, denn sie entstehen in einer Höhe von etwa zwanzig Kilometern. Da ihre Zerfallszeit im Ruhezustand bei wenigen millionstel Sekunden liegt, könnten sie auch mit Lichtgeschwindigkeit nicht mal einen Kilometer Wegstrecke zurücklegen – wenn ihre hohe Geschwindigkeit nicht ihre »Lebensdauer« relativ zum Beobachter auf der Erde verlängern würde.

Die Erklärung für die »Lebensverlängerung« bei einem sehr schnellen Myon ist einfach und für uns auch keine Überraschung: Wenn sich ein Myon relativ zur Erde fast mit Lichtgeschwindigkeit bewegt, dann wird seine Zeit stark gedehnt – etwa um das Tausendfache. Statt in einigen millionstel Sekunden Erdzeit zu zerfallen, kann ein mit annähernd Lichtgeschwindigkeit fliegendes Myon sehr viel länger überdauern, lange genug jedenfalls, um die zwanzig Kilometer bis zur Erdoberfläche zurückzulegen und dort von einem Geigerzähler gemessen zu werden.

Wer sich schnell bewegt, lebt länger

Man könnte aus diesem Myon-Beispiel schließen, dass sehr hohe Geschwindigkeit zu einem längeren Leben führt. Doch eine solche Aussage ist nicht ganz richtig. Vielmehr muss man sagen: Hohe Geschwindigkeit führt nur zu längerem Leben in Beziehung zu einem Beobachter. Für das Myon selbst läuft der physikalische Zerfallsprozess unverändert ab; es kann nicht mal so und dann wieder ganz anders zerfallen. So etwas würden die strengen Gesetze der Physik nicht erlauben. Das Myon selbst »merkt« also nichts von der Zeitdehnung, nur der Beobachter des Myons stellt sie fest.

Was für Myonen gilt, muss selbstverständlich auch für jede andere sich schnell fortbewegende Materie gelten. Relativ zu einem Beobachter vergeht die Zeit für jeden sehr schnell bewegten Körper langsamer. Daraus würden sich für den Menschen aufregende Möglichkeiten eröffnen, wenn es ihm irgendwann in ferner Zukunft gelänge, Raumschiffe zu bauen, die mit annähernd Lichtgeschwindigkeit durch den Weltraum fliegen. Stellen wir uns vor, ein fast lichtschnelles Raumschiff würde im Jahr 3000 von der Erde starten und käme im Jahr 3020 auf die Erde zurück. Wäre das Raumschiff mit einer durchschnittlichen Geschwindigkeit von 240 000 Kilometern pro Sekunde geflogen, so hätten diese zwanzig Erdenjahre für die Besatzung nur zwölf Jahre gedauert. Sie kämen im Jahr 3020 auf die Erde zurück, hätten tatsächlich aber nur zwölf Jahre erlebt und wären folglich auch nur um zwölf Jahre gealtert. Für die Raumfahrer käme das natürlich überhaupt nicht überraschend, denn das hätten sie vorher schon gewusst, weil sie mit Einsteins Theorie vertraut wären. Trotzdem wäre es für sie gewiss ungeheuer beeindruckend zu sehen, dass es sich nicht nur um ein Gedankenexperiment Einsteins handelt, sondern um eine physikalische Tatsache mit haarsträubenden Folgen.

Während ihrer zwölfjährigen Weltraumreise wären für die Astronauten also zwanzig Erdenjahre vergangen. Der Unterschied läge an der sehr hohen Geschwindigkeit gegenüber der Erde, die die Uhren an Bord langsamer gehen ließ als die Uhren auf dem Heimatplaneten. Die Astronauten hätten freilich nichts von einer Verlangsamung ihrer Borduhren gemerkt. Alles wäre auf ihrem Flug ganz normal weitergegangen. Denn es würden an Bord ja nicht nur die Uhren relativ zur Erde langsamer gehen, sondern es »gingen« auch alle Atome langsamer, auch die, aus denen die Raumfahrer bestehen. Der Zellauf- und Zellabbau im Körper würde, relativ zur Erde, langsamer vor sich gehen. Der gesamte organische Lebensprozess verlangsamte sich, natürlich – und das muss immer wieder hinzugefügt werden – nur im Verhältnis zur Erdzeit. Es gäbe keine absolute Dauer dieses Weltraumflugs, sondern nur relative Zeitunterschiede. Hier ist die Zeit auf der Erde, und dort wäre die Zeit im Raumschiff – und beide Zeiten wären nicht gleich. Weder gingen die Uhren auf der Erde falsch noch die im Raumschiff, die Uhren würden mit physikalischer Notwendigkeit voneinander abweichen. Die Abweichung wäre umso größer, je mehr sich die Geschwindigkeit des Raumschiffs der des Lichts annäherte. Würde das Raumschiff nicht nur achtzig Prozent der Lichtgeschwindigkeit erreichen, wie im letzten Beispiel, sondern sechsundachtzig Prozent, dann wären die zwanzig Erdenjahre für die Raumfahrer bereits nach zehn Jahren vergangen. Und sollten die zwanzig Erdenjahre schon nach zwei Jahren Weltraumreise vergangen sein, so müsste das Raumschiff 99,5 Prozent der Lichtgeschwindigkeit erreichen. Nochmals: Das sind keine Hirngespinste, und es hat auch nichts mit Zauberei zu tun, sondern es sind streng physikalische Tatsachen, vergleichbar mit der, dass reife Äpfel von den Bäumen nach unten auf den Boden und nicht nach oben in den Himmel fallen.

Weltraumreisen mit annähernd Lichtgeschwindigkeit brächten dem Reisenden übrigens keineswegs die ewige Jugend. Sein Alterungsprozess an Bord ginge normal weiter, und mit siebzig bis achtzig Jahren ginge auch sein Leben langsam zu Ende. Nur relativ zur Erde hätte er Zeit gewonnen, was er allerdings erst merken würde, wenn er zur Erde zurückkehrte. Landete er auf einem anderen fernen Planeten, so hätte er auch diesem gegenüber an Zeit gewonnen, aber er könnte diesen Zeitgewinn nicht feststellen, denn es fand dort ja kein Uhrenvergleich mit seinen Borduhren statt, als er von der Erde wegflog. Auf der Erde könnte er bei seiner Rückkehr feststellen, dass seine Freunde alt und gebrechlich, vielleicht sogar schon tot wären; und hätte er Kinder zurückgelassen, so wären sie auf einmal genauso alt wie er selbst, vielleicht sogar älter.

Wo die Zeit sich dehnt, wird der Raum gestaucht

Wir sehen: Mit dem so genannten »gesunden Menschenverstand« kommt man im Universum nicht weit. Wenn es um das Universum geht, ist kein »gesunder«, sondern ein wahrhaft relativer Menschenverstand gefragt.

Wären wir Lebewesen, die sich problemlos mit fast Lichtgeschwindigkeit durch den Kosmos bewegen könnten, wäre uns die Dehnung der Zeit etwas ganz Vertrautes. Wir hätten dann wahrscheinlich umgekehrt Probleme mit der Vorstellung, die Zeit sei etwas Starres, überall gleich Ablaufendes. Haben wir uns erst einmal mit dem Gedanken vertraut gemacht, dass die Zeit dehnbar ist, dann wird es uns kaum noch überraschen, dass auch der Weltraum dehnbar ist. Denn Raum und Zeit sind ja unlösbar miteinander verwoben. Die Dehnung der Zeit kann nicht ohne Folgen für den Raum bleiben, mit dem sie zur Raumzeit verschmolzen ist. Die Raumzeit ist nicht gleichförmig, sondern mal gestreckt und mal gestaucht, entsprechend der Zeitdehnung, die durch die Massen und Energien (was ja dasselbe ist) im Universum hervorgerufen wird. Wenn die Zeit sich dehnt – etwa in der Nähe eines massereichen Körpers –, dann schrumpft der Raum entsprechend ein. Da aber Raum und Zeit nicht voneinander getrennt werden können, ergibt sich aus diesem Dehnen der Zeit und Schrumpfen des Raums eine allgemeine Gekrümmtheit der Raumzeit. Diese Krümmung der Raumzeit kann man sich natürlich so wenig vorstellen wie die Raumzeit selbst.

Alle Massen im Kosmos und die Bewegungen, die sie ausführen, bewirken die Krümmung der Raumzeit. Gleichzeitig beeinflusst die Krümmung der Raumzeit wiederum die Bewegungen der Körper im Universum. Die Raumzeitkrümmung beeinflusst auch die Art und Weise, wie Anziehungskräfte wirken. In der Nähe eines massereichen Sterns ist die Raumzeit besonders stark gekrümmt. Die Folge ist, dass die Anziehungskraft (das Gravitationsfeld) hier besonders stark ist. Große Massen bewirken große Raumzeitkrümmungen in der Nähe dieser Massen. Die rätselhafte Anziehungskraft eines Himmelskörpers kann man somit als eine direkte Folge der Raumzeitkrümmung betrachten. Dass ein Planet um die Sonne kreist, hat damit zu tun, dass die Raumzeit in der Nähe der Sonne derart stark gekrümmt ist, dass dem jeweiligen Planeten keine andere Möglichkeit bleibt, als sich in einer Ellipsen- oder Kreisbahn relativ zur Sonne zu bewegen. Er bewegt sich gewissermaßen in einer Raumzeit-Delle um die Sonne, und diese Delle hat eine Ellipsen- oder Kreisform.

Wenn die Raumzeit gekrümmt ist, hat es natürlich keinen Sinn mehr, die herkömmliche, auf unserer Erde gültige Geometrie auf den Kosmos anzuwenden. Grundbegriffe der Geometrie wie »Gerade« oder »Ebene« verlieren ihre Bedeutung, wenn man sie auf die gekrümmte Raumzeit bezieht, die sich unsichtbar im Kosmos aufspannt. In einem gekrümmten Raum ist die kürzeste Verbindung zwischen zwei Punkten keine gerade Linie mehr, sondern eine gebogene. Bei der Raumzeit stößt man allerdings auf das Problem, dass man von Punkten gar nicht mehr sprechen kann, weil auch jeder »Punkt« der Raumzeit unlösbar mit der Zeit verschmolzen ist. Die kürzeste Verbindung zwischen zwei »Raumzeitpunkten«, also zwei Ereignissen, wäre eine gebogene »Raumzeitlinie«. Diese »Linie« setzte sich nicht aus unendlich vielen Punkten zusammen wie eine gewöhnliche Linie, sondern aus unendlich vielen Ereignissen.

Ein Universum im Kopf

Ich meine, es ist jetzt an der Zeit, unsere wahrhaft krummen, aber trotzdem richtigen Gedankengänge zu Ende zu bringen, bevor sich unsere Gehirne auf kosmische Weise in sich selber verkrümmen. Ob wir das nun alles wirklich verstanden haben oder nicht, ist gar nicht so wichtig. Es ist nun mal sehr schwierig, etwas ganz und gar zu verstehen, das jenseits unserer Erfahrung liegt. Viel wichtiger ist, dass wir eine Ahnung davon bekommen haben. Im Kosmos herrschen noch andere Gesetze als die, die wir auf unserer Erde erfahren.

Unsere schnellsten Fluggeräte, die Raketen, legen einige zehntausend Kilometer in der Stunde zurück. Das ist so gut wie gar nichts im Vergleich zur Lichtgeschwindigkeit. Und erst recht kann der Massenzuwachs eines fahrenden Autos vernachlässigt werden, genauso die Zeitdehnung, die bei einer Autofahrt relativ zu einem ruhenden Beobachter auftritt. Trotzdem sind diese Effekte auch bei solch geringen Geschwindigkeiten da.

Ein Raumschiff, das fast mit Lichtgeschwindigkeit fliegen würde, schrumpfte gegenüber einem Beobachter im selben Maß zusammen, wie es an Masse zunähme. Könnte es die Lichtgeschwindigkeit exakt erreichen – was ja nicht möglich ist –, dann würde es im selben Augenblick für den Beobachter unsichtbar werden – und gleichzeitig eine unendlich große Masse besitzen. Die Zeit im Raumschiff würde relativ zum Beobachter zum Stillstand kommen. Damit wäre ein Zustand erreicht, der außerhalb der physikalischen Naturgesetze läge. Denn in einem zeitlichen Universum kann es nichts geben, das außerhalb der Zeit liegt. In einem endlichen Kosmos kann es auch keine unendlichen Massen geben. Dass es das alles in der Tat doch gibt – oder höchstwahrscheinlich gibt –, werden wir später sehen, wenn wir uns mit den geheimnisvollen Schwarzen Löchern befassen, jenen kosmischen Objekten, die es mit ziemlicher Sicherheit gibt, obwohl es sie eigentlich gar nicht geben dürfte.

Das Universum ist endlich, aber unbegrenzt

Der Weltraum ist also kein begrenzter dreidimensionaler Raum von unvorstellbarer Größe, er ist aber genauso wenig unendlich in seiner Ausdehnung. Die Gekrümmtheit lässt ihn gewissermaßen in sich selber zurücklaufen. Das hat seine Endlichkeit zur Folge, auch wenn diese Endlichkeit so unvorstellbar groß ist, dass sie uns unendlich erscheint. Der Kosmos ist endlich, aber dabei unbegrenzt. Das hört sich wie ein Widerspruch an, ist aber keiner. Dass es sich so anhört, hängt wiederum mit unserem »gesunden Menschenverstand« zusammen, der uns einreden möchte, etwas, das endlich ist, müsse auch Grenzen haben. Aber wer sagt, dass es tatsächlich so sein muss?

Das Ganze wird vielleicht verständlicher, wenn man bedenkt, dass es auch in unserer begrenzten Erdenwelt Endliches gibt, das trotzdem unbegrenzt ist, also ohne Anfang und ohne Ende, ohne Mittelpunkt und ohne Rand. Gemeint ist die Oberfläche einer Kugel. Ähnlich wie die Raumzeit ist auch die Kugeloberfläche gekrümmt und in sich zurücklaufend. Man könnte sich auf dieser endlichen, aber unbegrenzten Fläche geradlinig fortbewegen und würde doch niemals an eine Grenze stoßen. Man würde vielmehr bei geradliniger Fortbewegung – die natürlich »krummlinig« wäre – stets an seinen Ausgangspunkt zurückkehren. Und genau das ist mit dem Ausdruck »in sich zurücklaufend« gemeint. Die Kugeloberfläche wäre so etwas wie das flächige Abbild des Kosmos.

Die Kugeloberfläche könnte man als einen zweidimensionalen (flächigen) »Weltraum« auffassen, der unlösbar mit der dreidimensionalen (räumlichen) Kugel verschmolzen ist. So wenig wir uns die vierdimensionale Raumzeit vorstellen können, so wenig könnte sich ein Flächenwesen, das *in* der Kugeloberfläche lebte, eine Vorstellung von der Kugel machen, die diese Kugelflächenwelt erst möglich macht. Es bewegte sich in der Kugeloberfläche, ohne von deren Krümmung etwas zu merken, und noch weniger von der Kugel, die dahinter steckt. Umso erstaunter wäre es, wenn es eines Tages losrennen würde, um die Grenzen seiner Flächenwelt zu erkunden. Es liefe immer geradeaus und müsste irgendwann feststellen, dass es an seinen Ausgangspunkt zurückgekehrt ist. Es bedürfte erst eines Flächenwesen-Einsteins, um herauszufinden, dass hinter dem Rätsel eine nächsthöhere Dimension steckt, nämlich die dritte Dimension der Kugel, von der die Flächenwesen bis dahin keine Ahnung hatten. Aber verstehen würden sie die Kugeldimension trotzdem nicht, weil ihre ganze Vorstellungs- und Erfahrungswelt in der Fläche gefangen wäre. Ebenso wenig können wir die vierte Dimension der Raumzeit verstehen. Unser Vorstellungsvermögen ist in der dritten Dimension des Raums gefangen.

Wie das Flächenwesen bei seiner Welterkundung am Ende wieder an seinen Ausgangspunkt zurückkehrte, so würde auch ein Raumschiff, das von der Erde startete und seinen Kurs exakt beibehielte, irgendwann an seinen Ausgangspunkt zurückkehren, an dem es dann freilich keine Erde mehr gäbe. Denn selbst wenn das Raumschiff fast mit Lichtgeschwindigkeit fliegen würde, bräuchte es für die Durchquerung des in sich gekrümmten Kosmos länger als dieser alt ist. Unser Planetensystem, ja die ganze Galaxis, gäbe es nicht mehr.

Die Galaxien streben voneinander fort

Die mathematischen Gleichungen, die Einstein fand, ergaben nicht nur ein endliches, unbegrenztes und in sich zurücklaufendes Universum, sondern auch eins, das sich ausdehnt. Einstein glaubte aber so fest an ein Universum von unveränderlicher Größe, dass er seine Gleichungen umänderte. Er führte eine Konstante in die Gleichungen ein, die die Ausdehnung wieder aufhob. Die Vorstellung eines sich ausdehnenden Universums war Einstein unangenehm, wahrscheinlich deshalb, weil er sich ein Universum, das von einem göttlichen Wesen erschaffen war, nur als ein vollkommenes und unveränderliches denken konnte. Hier nahm Einstein seine geniale Theorie nicht wirklich ernst. Sein religiöses Weltbild blockierte und verfälschte seine wissenschaftliche Arbeit. Später hat er diese Abänderung seiner ursprünglichen Gleichungen als den größten Fehler seines Lebens bezeichnet. Und dafür gab es einen gewichtigen Grund.

Im Jahr 1929 entdeckte nämlich der amerikanische Astronom Edwin O. Hubble (1889–1953) – nach ihm ist das Weltraumteleskop benannt –, dass sich all jene Galaxien, die nicht zu unserem Galaxienhaufen gehören, sehr rasch von uns fortbewegen. Sie tun es umso schneller, je weiter sie von uns entfernt sind. Die Fluchtbewegungen der Galaxien verlaufen nicht irgendwie, sondern nach einer strengen Gesetzmäßigkeit: Ist eine Galaxie zweimal so weit von uns entfernt wie eine andere, dann bewegt sie sich auch zweimal so schnell von uns fort. Innerhalb eines Galaxienhaufens ist diese Fluchtbewegung allerdings aufgehoben. Dort überwiegt die Massenanziehungskraft zwischen den Galaxien, weil die Galaxien in den Haufen relativ nahe beieinander sind. Mit ›nahe‹ sind einige Hunderttausend bis einige Millionen Lichtjahre gemeint.

Hubble verdankte seine Entdeckung dem so genannten Spektrographen, jenem »Lichtzerlegungsgerät«, das wir schon am Anfang dieses Buches kennen gelernt haben (vgl. S. 33). Hubble konnte bei seinen Beobachtungen feststellen, dass das ausgesandte Licht der fernen Galaxien umso stärker zum Dunkelrot neigt, je weiter sie entfernt sind. Die Ursache für diese unterschiedliche Rotfärbung der Galaxien konnte nicht in den Galaxien selbst liegen, sondern musste damit zu tun haben, dass sie sich unterschiedlich schnell vom Beobachter fortbewegten. Denn gleichartige Lichtquellen, die sich vom Beobachter wegbewegen, erscheinen in einem umso dunkleren Rot, je schneller die Fluchtbewegung ist. Nähern sie sich dem Beobachter, so erscheint ihr Licht bläulich.

Diese Entdeckung war sicher eine der wichtigsten in der modernen Astronomie, vor allem deshalb, weil sie zu einem aufregenden Umkehrschluss zwang: Was auseinander fliegt, muss früher einmal ganz nahe zusammen gewesen sein. Weitergedacht hieße das: Vor sehr langer Zeit muss der Abstand zwischen den Galaxien null betragen haben. Alle Galaxien des Universums müssen zum Zeitpunkt null am gleichen Ort vereint gewesen sein. Die Ausdehnung des Universums muss aus einem punktförmigen Anfangszustand hervorgegangen sein.

Wenn ich aber weiß, mit welcher Geschwindigkeit die Galaxien voneinander fortstreben, und gleichzeitig ihre jetzige Entfernung kenne, dann kann ich ausrechnen, wie lange das Universum gebraucht hat, um die heute zu beobachtende Ausdehnung zu erreichen. Damit weiß ich, wie alt die Welt ist.

Hubbles Messungen waren noch ziemlich ungenau. Danach betrug die Ausdehnungsgeschwindigkeit des Universums etwa einhundertsiebzig Kilometer pro Sekunde je eine Million Lichtjahre Entfernung. Würde dieser von Hubble ermittelte Wert stimmen, so wäre das Universum gerade mal zwei Milliarden Jahre alt. Das ist aber schlecht möglich, denn dann wäre das Universum nur halb so alt wie die Erde.

Seit der Entdeckung Hubbles wurde das Alter der Welt ständig abgeändert, je nachdem, welche Messungen gerade als die genauesten angesehen wurden. Schließlich einigte man sich auf ein grobes Alter von zehn bis zwanzig Milliarden Jahren. Erst jetzt, nach den neuesten Messdaten, die vom Hubble-Weltraumteleskop übermittelt wurden, wagt man eine genauere Altersangabe. Nach derzeitigem Wissensstand dürfte das Universum etwa dreizehn Milliarden Jahre alt sein. Und es dehnt sich noch immer aus! Für die fernsten, mit dem HST noch erfassbaren Galaxien – sie sind etwa zwölf Milliarden Lichtjahre entfernt – ergeben sich Fluchtbewegungen von nahezu Lichtgeschwindigkeit.

Der Urknall war kein Knall

Mit dieser Entdeckung wurde für die moderne Astronomie der Beginn des Universums zu einer zentralen und faszinierenden Frage. Wenn alle Galaxien des Universums vor dreizehn Milliarden Jahren an einem Ort vereint waren, dann muss irgendein Ereignis dazu geführt haben, dass sie sich voneinander fortbewegten. Aus dieser Überlegung ergab sich mit zwingender Notwendigkeit die Vorstellung von einer gewaltigen Urexplosion, aus der die Welt hervorgegangen ist. Die Idee des Urknalls war geboren.

Dieser Urknall musste der Grund sein, warum die Galaxien voneinander fortfliegen, also das Universum sich ausdehnt. Begriffe wie

»Urexplosion« oder »Urknall« sind allerdings irreführend, denn mit einer herkömmlichen Explosion hatte der Beginn des Universums nichts zu tun. Und geknallt hat es dabei auch nicht. Es gab ja keine Luft oder andere Materie, in der sich Schallwellen hätten ausbreiten können. Jedes Wort, das wir für diesen »Start« des Universums verwenden, muss notgedrungen am tatsächlichen Ereignis vorbeigehen, denn es handelte sich hierbei um ein Ereignis, das jenseits aller Sprache liegt. Der Beginn der physikalischen Welt liegt jenseits der Physik. Selbst die Mathematik, diese strenge und exakte Sprache der Physik, versagt bei der Beschreibung des Urknalls. Sie versagt bei dem Versuch, die physikalischen Vorgänge zum Zeitpunkt null des Universums zu beschreiben, das heißt mit mathematischen Gleichungen auszudrücken. Das hat damit zu tun, dass hier Größen auftauchen, mit denen Mathematik und Physik nicht mehr zurechtkommen. Der physikalische Vorgang Urknall ist eben kein physikalischer Vorgang. So sinnlos diese Aussage sein mag – sie ist doch wahr. Die physikalische Welt geht aus einem Ereignis hervor, das mit Physik nichts mehr zu tun hat. Am Anfang der Welt steht ein Wunder, etwas Unfassbares. Mit dieser Unfassbarkeit müssen wir uns abfinden.

Die Mathematik versagt bei der Beschreibung des Urknalls aus einem einfachen Grund: Wenn nämlich die gesamte Materie des Universums in einem Punkt vereint war, dann war die Dichte dieses Materiepunkts unendlich groß, ebenso seine Temperatur. Denn jede Verdichtung von Materie bedeutet automatisch Erhöhung ihrer Temperatur. Unendliche Dichte bedeutet unendlich hohe Temperatur.

Die Welt ging also im Urknall aus einem Materiepunkt von unendlicher Dichte und unendlicher Temperatur hervor. Zustände aber, in denen unendliche Größen vorkommen, kann die Physik nicht beschreiben. Die physikalischen Gleichungen funktionieren nicht mehr, sobald ein ∞ (das Zeichen für »unendlich«) in ihnen auftaucht. Die Physik kann nur Annäherungen an ∞ beschreiben, aber nicht das Unendliche selbst. Die Physiker nennen Zustände, in denen unendliche Größen vorkommen, »Singularitäten«, also »Einzigartigkeiten« oder »Besonderheiten«.

Es wurmt die Physiker und Astronomen sehr, dass sie immer nur vom Urknall sprechen können, ohne zu wissen, was er wirklich war, wie er »funktioniert« hat. Der Urknall ist eine extrem harte Nuss, die bislang von der Physik nicht zu knacken war und wahrscheinlich auch niemals geknackt werden wird. Das macht sie erst recht interessant. So einleuchtend der Urknall als Beginn der Welt ist – beweisen lässt er sich nicht.

Zuerst einmal verleiht aber die Annahme eines Urknalls dem ganzen Universum eine Geschichte und das ist ja schon mal was. Denn denkbar wäre doch auch, dass wir in einem Universum ohne Geschichte lebten, einem Kosmos ohne Anfang und Ende. Unser Universum hat einen Anfang, mag er auch unbeweisbar und unbegreifbar sein. Es hat auch eine Gegenwart, mag sie sich auch in so viele Gegenwarten aufspalten, wie es Objekte im Kosmos gibt. Und unser Universum hat eine Zukunft und ein Ende. Das Ende wird allerdings nicht weniger unfassbar sein als der Anfang.

Hat Gott den Urknall ausgelöst?

Wenn das Universum in einem wundersamen Zeitpunkt null begonnen hat, dann stellen sich einige wundersame Fragen ganz von selbst: Was war vor dem Urknall? Wie kam es zum Urknall? Wohin dehnt sich das Universum aus? Dauert die Ausdehnung des Universums bis in alle Ewigkeit fort? Wie haben aus einem explodierenden Punkt mit unendlich hoher Materiedichte die Galaxien entstehen können? Wie kann überhaupt aus einer Explosion etwas entstehen?

Die Frage, was vor dem Urknall war, ist ziemlich sinnlos, solange man nicht einmal weiß, was der Urknall selber ist. Und trotzdem ist sie berechtigt. Wenn alle Materie des Kosmos aus einer Urexplosion hervorgegangen ist, dann stellt sich einem normalen Gehirn ganz von selbst die Frage, weshalb es zu dieser Explosion kam und was da eigentlich explodiert ist. Das ist die uralte Frage nach dem Ursprung. Diese Frage hat die ärgerliche Eigenschaft, dass ihre Beantwortung nur zu einer neuen Ursprungsfrage führt. Dieses Problem ist vermutlich so alt wie das menschliche Denken selbst. Stets ist in den Geschichten zur Entstehung der Welt irgendetwas als Erstes da: ein Urei zum Beispiel, aus dem die Welt hervorgeht. Und dieses Urei ist von einem Urvogel gelegt worden. Die Frage, woher der Urvogel kam, wird nicht gestellt. Er war schon immer da. Diese Lösung des Ursprungsproblems ist so praktisch wie unbefriedigend.

Allein die Religion bietet hier einen Ausweg. Sie lässt den unbegreiflichen Vorgang der Weltentstehung von einem unbegreiflichen Wesen bewerkstelligen. »Am Anfang schuf Gott Himmel und Erde.« So beginnt die Bibel. Als gläubiger Mensch kann man damit zufrieden sein, als wissenshungriger Mensch leider nicht. Man wüsste eben gern, was sich hinter dem Geglaubten verbirgt. Man wüsste gern, wie Gott es anstellte, welche Tricks er anwandte, damit aus nichts eine ganze Welt hervorgeht.

Nicht weniger interessant ist die Frage, wozu Gott das machte. Weshalb hat es Gott plötzlich nach einer Welt verlangt, wo er doch eine Ewigkeit lang ohne sie auskam? Aber solche Fragen sind sinnlos. Die Sinnlosigkeit hat damit zu tun, dass man sich einem unfassbaren göttlichen Wesen mit allzu menschlichen Fragen zu nähern versucht. Wenn Gott aber jenseits aller menschlichen Verstehbarkeit liegt, dann muss das auch für sein Handeln gelten. Wenn ein Gott die Welt im Urknall erschaffen hat, wird dieser Schöpfungsakt so unfassbar und unbeschreibbar bleiben wie Gott selbst. Die Beschreibbarkeit der Weltschöpfung bedeutete letztlich die Beschreibbarkeit des Schöpfers. Ein verstehbarer Gott aber wäre ein Widerspruch in sich. Ein verstehbarer, beschreibbarer Gott wäre überhaupt kein Gott mehr. Wenn es Gott gibt und wenn er das Universum erschaffen hat, dann wird dieser Schöpfungsvorgang für den Menschen immer unergründbar bleiben. Sollte es der Physik aber doch gelingen, den Beginn der Welt mathematisch exakt zu beschreiben, so wäre das wohl gleichbedeutend mit dem Ende Gottes. Er wäre am menschlichen Wissen, an der Physik, zugrunde gegangen.

Von jeher hat der Mensch letztlich nur deshalb einen Gott oder mehrere Götter gebraucht, weil sein Wissen Grenzen hatte. Gott oder die Götter herrschten dort, wo der menschliche Verstand erklärend nicht hinreichte. Je reicher und tiefer das menschliche Wissen wurde, umso kleiner wurde der göttliche Herrschaftsbereich. Von dem Zeitpunkt an, als der Mensch wusste, wie Blitz und Donner entstehen, war es nicht mehr nötig, einen Blitze schleudernden und die Himmelstrommel rührenden Gott zu bemühen. Mit »göttlich« ist also letztlich nur das gemeint, was der Mensch nicht versteht. Da der Mensch aber immer mehr versteht, nimmt das »Göttliche« mehr und mehr ab. Obwohl – so ganz stimmt das auch wieder nicht. Denn es fällt bei all dem Forschen und Experimentieren auf, dass die Fragen nicht weniger, sondern eher noch mehr werden, je weiter das menschliche Wissen voranschreitet. Aus jedem gelösten Welträtsel gehen mindestens zwei neue hervor, die noch größer sind als die gelösten. Gott, so scheint es, hat in diesem Kosmos unendlich viel Platz, um sich vor der menschlichen Erkenntnis zurückzuziehen.

Die Idee eines Gottes, einer übernatürlichen Wesenheit, wird wohl niemals aus dem menschlichen Denken verschwinden. Wenn es Gott gibt, kann er nur dort sein, wo menschliches Wissen nicht hinreicht. Dieser Ort ist kein räumlicher, er befindet sich nicht irgendwo in den Tiefen des Universums und ebenso wenig außerhalb. Gottes Ort ist rein geistig. Den Genies unter den Physikern war von jeher klar, dass in den Erscheinungen der physikalischen Welt ein universeller Geist, eine göttliche Idee am Werk ist. Diese Idee möglichst ganz zu verstehen, ist das Anliegen der Wissenschaft.

Gerade bei dem Bemühen der Astrophysiker, den Anfang der Welt zu beschreiben, geht es letztlich um einen Angriff auf eine geistige Festung, hinter der sich Gott verborgen hält. Ähnliches gilt für das Bemühen der Wissenschaft, den Ursprung des Lebens zu begreifen und ihn im Labor nachzustellen. Oder für den Versuch, den Prozess des Alterns zu entschlüsseln und so den Tod zu besiegen. Oder für den Versuch, durch Veränderung des Erbguts neuartige Lebewesen zu erfinden.

Nehmen wir an, Gott hat, wie und weshalb auch immer, die Explosion des Urknalls ausgelöst. Oder nehmen wir an, Gott hat sich im Urknall einfach nur selbst materialisiert. Dann wäre das Universum nichts anderes als der Gestalt gewordene Gott. Das schreibt sich so leicht hin, aber wirklich weiter kommt man im Begreifen des Weltanfangs damit auch nicht.

Grundsätzlich hat die Physik aber keinerlei Probleme damit, den Ursprung der Welt einem göttlichen Schöpfer zuzuschreiben. Es wird der Physik oft unterstellt, sie versuche insgeheim zu beweisen, dass es einen Gott nicht geben kann, dass es eines Gottes gar nicht bedarf, um die Welt zu verstehen. Aber das will die Physik überhaupt nicht. Die Physik erkennt ganz klar, wo ihre Grenzen sind. Sie kann nicht alles erklären und gerade das macht ihren besonderen Reiz aus. Sie ringt mit ihren Erkenntnisgrenzen und versucht sie immer weiter hinauszuschieben. Dabei ist sie sich aber bewusst, dass es die vollständige physikalische Erklärung der Welt niemals geben wird.

»Gott« und »Urknall« – zwei Begriffe für das Unfassbare

Der Leser hat es längst gemerkt: Wir kreisen sinnlos um einen Punkt, der sich unserer Erkenntnis entzieht. Wir haben nichts anderes versucht, als uns dem unfassbaren Ereignis des Urknalls anzunähern, indem wir Gott ins Spiel brachten, der ebenso unfassbar ist. Vielleicht lösen wir das Problem am besten dadurch, dass wir Urknall und Gott, Urknall und Urwille in eins setzen und uns mit dieser doppelten Unfassbarkeit zufrieden geben.

Gehen wir also davon aus, dass der Urknall einfach stattgefunden hat, auch wenn dies nicht bewiesen, sondern nur eine These der Naturwissenschaft ist. Die Annahme eines Urknalls als Beginn der Welt hat allerdings zur Voraussetzung, dass aus nichts etwas entstehen kann. Die Physik streitet diese Möglichkeit nicht vollkommen ab, betont aber, dass es sich um einen äußerst unwahrscheinlichen Vorgang handelt, vor allem, wenn aus nichts gleich ein ganzes Universum hervorgehen soll.

Man darf ja bei der Diskussion solcher Fragen niemals außer Acht lassen, dass die Physik des ausgehenden 20. Jahrhunderts keine endgültige ist. Wer weiß, was die Menschheit in tausend oder zehntausend Jahren zum Urknall sagen wird. Womöglich wird man schon in einigen Jahrzehnten sehr genau erklären können, wie aus nichts eine ganze Welt entstehen kann. Vielleicht gibt es im Universum physikalische Kräfte, von denen wir bislang keine Ahnung haben. Gerade in der Astronomie und Astrophysik ist unser Wissen sehr bruchstückhaft und vorläufig. Von einem vollständigen Verständnis des Universums ist der Mensch weit entfernt.

Was meinen wir überhaupt mit »nichts«? Das Wort schreibt sich einfach so hin. Dabei war zumindest für die Philosophen das Nichts so ziemlich das Schwierigste, das sich denken lässt. Die Physik hingegen hat zum Nichts immer nur geschwiegen, nicht aus Bequemlichkeit, sondern weil das Nichts nicht in ihre Zuständigkeit fällt. Die Physik beschreibt das, was ist. Was nicht ist, interessiert sie nicht.

Langsam beginnen wir an der Physik zu zweifeln. Über den Urknall kann sie nichts sagen und über das Nichts ebenso wenig. Es sieht so aus, als würde die Physik immer dann kneifen, wenn es richtig spannend wird. Doch was aufs Erste wie ein Mangel der Physik erscheint, erweist sich als ihre große Stärke: Sie achtet streng darauf, nur Aussagen über die Wirklichkeit zu machen. Der Gegenstand der Physik ist die Materie mitsamt ihren energetischen Zuständen und Wirkungen.

Die ganze Welt in einem Punkt vereint

Die Frage nach dem Weltanfang bleibt also von Seiten der Physik ohne Antwort. Der Punkt null der Weltentstehung ist der radikalste Schnittpunkt zwischen Gewusstem und Geglaubtem, der sich denken lässt. Über diese Grenze kommt das Denken nicht hinweg. Schon die Vorstellung, dass die gesamte Energie des Universums – also die Summe aller einhundert Milliarden Galaxien mit jeweils einhundert Milliarden Sonnensystemen – in einem einzigen Punkt konzentriert gewesen sein soll, macht einen schwindlig. Eine bildhafte Vorstellung kommt im Kopf erst gar nicht zustande. Aber ein unvorstellbarer Anfang der Welt ist immer noch besser als gar kein Anfang. Ein unvorstellbarer Anfang hat immerhin den Vorteil, dass man sich ihm vom Jetzt aus gedanklich annähern kann. Genau das haben die Physiker getan, seit die Ausdehnung des Universums eine wissenschaftliche Tatsache war. Mit der wachsenden Erkenntnis über den Aufbau der Materie im ganz Kleinen wurde eine solche wissenschaftliche Annäherung an den Urknall auch immer viel versprechender. Denn eins ist, bei aller Ungewissheit, sicher: Der Anfangszustand des Universums kurz nach dem Urknall muss jenen

Zuständen ähnlich gewesen sein, die man in Kernforschungslabors und Elementarteilchenbeschleunigern beobachten kann. Der Kosmos muss zu Beginn ein Kosmos aus lauter Elementarteilchen gewesen sein. Wenn alles, was ist, aus Elementarteilchen hervorgeht, so müssen diese wiederum aus dem Urknall hervorgegangen sein. Wo sollten die Elementarteilchen sonst herkommen? Es sind aus dem Urknall also nicht sofort Sterne und Galaxien entstanden. Die mussten sich erst nach und nach aus den Atomen zusammenfügen, aus denen alle Materie im Kosmos besteht. Doch da die Atome sich selbst wieder aus noch kleineren Teilchen zusammensetzen, ist es nur logisch, in den allerkürzesten Zeitspannen nach dem Urknall einen Kosmos anzunehmen, in dem ausschließlich Elementarteilchen existierten.

In den Labors der Atomphysiker sind Elementarteilchen nur zu beobachten, wenn man Atomkerne mit sehr hoher Energie aufeinander prallen lässt. Werden Atomkerne extrem hohen Energien ausgesetzt, zerbrechen sie in ihre Bestandteile. Da nach dem Urknall unvorstellbar hohe Energien geherrscht haben müssen, weil die ganze Materie des Kosmos unendlich dicht zusammengepresst war, muss ein chaotisches Durcheinander von auseinander fliegenden und dabei zusammenstoßenden Elementarteilchen geherrscht haben.

In Beschleunigeranlagen lassen sich diese extremen Materiezustände, die unmittelbar nach dem Urknall geherrscht haben müssen, im Kleinen nachahmen. Man zündet gewissermaßen winzige Urknalle im Labor. Zu diesem Zweck lässt man vor allem Bleiatomkerne mit annähernd Lichtgeschwindigkeit aufeinander prallen. Beim Aufprall wird die Materie der Bleiatomkerne in einen Zustand extrem hoher Dichte und damit auch extrem hoher Temperatur versetzt, wie er auch kurz nach dem Urknall geherrscht haben muss. In diesem hochenergetischen Zustand werden nicht nur die Atomkerne in ihre Protonen und Neutronen aufgespalten (ein Bleiatomkern setzt sich aus 82 Protonen und 126 Neutronen zusammen), sondern auch diese Kernbausteine haben keinen Bestand mehr. Sie zerfallen in noch kleinere Einheiten, in so genannte Quarks. Allerdings ist der Zerfall in Quarks kein wirklicher Zerfall, denn obwohl die erzielten Temperaturen sehr hoch sind, reichen sie trotzdem nicht aus, freie Quarks entstehen zu lassen. Die Kräfte, die die Quarks in den Protonen und Neutronen miteinander verbinden, sind so ungeheuer stark, dass sie die Freisetzung der Quarks nicht zulassen. Man kann sie deshalb nicht direkt als Teilchen beobachten und messen. Allerdings lässt sich ihre Existenz indirekt mit hochkomplizierten Messgeräten nachweisen. Um wirklich freie Quarks zu erhalten, müssten die Bleiatomkerne mit noch wesentlich höheren Energien aufeinander geschossen werden. Dazu sind die vorhandenen Beschleunigeranlagen nicht in der Lage. Je höher dabei die Beschleunigungsenergien wären, umso näher könnte man sich an den Zeitpunkt null des Urknalls heranexperimentieren. Doch solche Labors würden riesige Energien und ebenso riesige Geldsummen verschlingen. Um den Urknall im Zeitpunkt null experimentell nachzustellen, wären letztlich unendlich hohe Energien nötig, also unendlich große Beschleunigeranlagen. Am Ende müsste man das ganze Universum zu einer Beschleunigeranlage umbauen und die gesamte im Universum vorhandene Energie nutzen, um zwei Bleiatomkerne aufeinander zu schießen. Und selbst dann hätte man den Zustand null des Urknalls nicht erreicht, denn dazu wäre eine unendlich hohe Energie nötig. Die Gesamtenergie im Universum ist aber notgedrungen endlich, da das Universum selber endlich ist.

Erst bei Temperaturen von etwa einer Billion Grad sagen die Berechnungen einen Materiezustand voraus, der eine Ansammlung freier Quarks zuließe. Ein solcher Zustand soll nach dem Urknallmodell in der ersten millionstel Sekunde des Universums geherrscht haben. Der Mini-Urknall, der in Kernforschungslabors gezündet wird, dauert nur eine unvorstellbar kurze Zeit, nämlich eine Sekunde, geteilt durch eine 1 mit zweiundzwanzig Nullen. Dabei ist der »Feuerball« dieses Mini-Urknalls nicht größer als ein billionstel Zentimeter. Trotzdem gelingt es den Wissenschaftlern, die im Mini-Urknall erzeugten Teilchen und Gammablitze zu messen und auszuwerten. Dafür sind gigantische Messgeräte nötig. Bei einem einzigen Zusammenstoß von Bleiatomkernen werden einige tausend solcher Elementarteilchen erzeugt, deren Spuren verfolgt werden müssen.

Neben dieser experimentellen Erzeugung von Mini-Urknallen geht man neuerdings auch verstärkt dazu über, den Urknall mithilfe von Supercomputern zu erforschen. Einer wurde unlängst an der Universität Cambridge unter Leitung des berühmten Physikers Stephen Hawking eingerichtet. Der 5,6 Millionen Mark teure Computer mit dem passenden Namen »Cosmos« rechnet hundertmal schneller als ein moderner PC – und ist dafür auch tausendmal größer. Er wird mit der gesamten Datenmenge gefüttert, die die Kernphysiker und Astrophysiker gesammelt haben.

Die erste Sekunde nach dem Urknall

Sehen wir uns dieses Urknallmodell, so wie es sich im Augenblick noch darstellt, etwas genauer an. Wenn der Zeitpunkt null außerhalb jeder physikalischen Beschreibung liegt, weil dort sowohl die Materiedichte als auch die Temperatur unendlich groß gewesen sein muss, stellt sich die Frage, zu welchem Zeitpunkt nach dem Urknall das Modell überhaupt einsetzen kann. Ab wann kann die Physik mit der mathematischen Beschreibung der Weltentstehung beginnen? Wo liegt der Zeitpunkt, von dem an die zur Verfügung stehenden mathematischen Gleichungen sinnvolle Ergebnisse hervorbringen?

Es sind die Elementarteilchen selbst, die die Grenze festlegen, bis zu der man sich an den Urknall heranrechnen kann. Gewiss, man könnte auch fordern, dass man einfach beim allerersten Ereignis nach dem Zeitpunkt null anfängt, wenn schon der Zeitpunkt null selbst nicht beschreibbar ist. Aber was sollte das erste Ereignis nach dem Urknall sein? Wie will man es als Erstes bestimmen? Das ist genauso unmöglich wie die Bestimmung der kleinsten Zahl, die größer ist als Null. So wie es keine größte Zahl gibt, gibt es auch keine kleinste Zahl, die größer als Null ist.

Durch die in der Natur vorherrschenden Universalkonstanten, zu denen zum Beispiel auch die Lichtgeschwindigkeit gehört, ergibt sich eine kleinste theoretische Länge, bis zu der man sich rechnerisch hinbewegen kann. Man nennt sie »charakteristische Länge«. Diese beträgt 10^{-33} Zentimeter (ein quintilliardstel Zentimeter oder ein Zentimeter, geteilt durch eine 1 mit dreiunddreißig Nullen). Im Vergleich dazu: Der mittlere Durchmesser eines Atoms beträgt 10^{-8}

Zentimeter (ein hundertmillionstel Zentimeter). Noch kleinere Strecken als 10^{-33} Zentimeter sind zwar rein mathematisch denkbar, weil die Mathematik keine kleinste oder größte Zahl kennt, die Physik jedoch stößt an Grenzen, wenn es um kleinste Größen geht. Diese Grenzen im Kleinen werden durch die Elementarteilchen gesetzt, aus denen die Materie sich aufbaut. Kleiner als die Elementarteilchen sind, geht es in der Physik nicht. Die »charakteristische Länge« von 10^{-33} Zentimetern ergibt sich aus der kleinsten Strecke, die die Elementarteilchen zulassen. Die Ortsbestimmung eines Ereignisses, etwa im Innern eines Atoms, kann physikalisch nicht genauer als auf 10^{-33} Zentimeter angegeben werden; sein Zeitpunkt nicht genauer als auf 10^{-44} Sekunden. 10^{-44} Sekunden ist die Zeit, die benötigt wird, um mit Lichtgeschwindigkeit die Länge 10^{-33} Zentimeter zurückzulegen. Die Raum- und Zeitdimensionen in diesen unvorstellbar winzigen Bereichen »verschmieren«, wie die Teilchenphysiker sagen. Sie werden unscharf. Raum und Zeit sind dann nicht mehr voneinander zu unterscheiden. Es kann bei diesen extrem kleinen Raum- und Zeitabständen nicht mehr gesagt werden, was Raum und was Zeit ist. Raum wird zu Zeit und Zeit wird zu Raum. Man spricht von einem schaumartigen Raum-Zeit-Gemisch, das es unmöglich macht, Ereignisse in ihrer zeitlichen Reihenfolge zu ordnen. Es gibt kein Vorher und Nachher, kein Rechts oder Links, kein Oben und Unten.

Die Physik kann nun aufgrund kernphysikalischer Berechnungen sagen, dass das Universum 10^{-44} Sekunden nach dem Urknall einen Durchmesser von 10^{-33} Zentimetern hatte, eine Temperatur von 10^{32} Grad und eine Dichte von 10^{92} Gramm pro Kubikzentimeter. Das sind ziemlich wundersame Größen. Sie stecken die Grenzen ab, bis zu denen man die ersten Augenblicke des Universums im Rahmen der Physik zurückverfolgen kann. Ein Wort wie »Augenblick« ist in diesem Zusammenhang natürlich sinnlos, denn es gab noch keine Augen, die hätten blicken können. Augenblicke dauern auch unendlich viel länger als 10^{-44} Sekunden.

Über das Universum vor diesem Zeitpunkt lässt sich physikalisch nichts sagen. Vielleicht existierte vor diesem Zeitpunkt eine Art Grundzustand der Welt, der ohne Zeit, also ohne Prozesse, auskam. Der Urknall wäre dann gar nicht der Beginn der Welt, sondern nur der Beginn der Prozesshaftigkeit, d. h. der Entwicklung der Welt. Der Urknall wäre nicht die »Geburt« der Welt, sondern nur die »Geburt« der Zeit. Das Davor verbirgt sich hinter einem undurchdringlichen Schleier.

Auch wenn diese verrückten Zahlen physikalisch in Ordnung sein mögen, bewirken sie in unserem Kopf eine gedankliche Unordnung. Was soll eine Zeitangabe von 10^{-44} Sekunden, wenn es doch gar keine Uhren gibt, die solch eine winzige Zeiteinheit messen könnten? Selbst wenn man voraussetzt, dass es eine solche Uhr gäbe – irgendein Atomkernteilchen –, um zumindest theoretisch den frühen Ablauf des Universums aufzuzeichnen, müsste man voraussetzen, dass sie sich in dem ganzen kosmischen Urchaos selber in Ruhe befände. Aber das ist reine Fantasterei. Die Kernteilchenuhr könnte gar nicht in Ruhe sein. Sie wäre in diesem heißen, ungeheuer dichten Universum zahllosen Stößen mit sehr hohen Energien ausgesetzt. Sie würde sich mit annähernd Lichtgeschwindigkeit bewegen und dabei in alle Richtungen gestoßen werden, falls es so etwas wie Richtungen überhaupt gäbe. Dadurch aber würde sich die Zeit, die unsere Teilchenuhr »erlebte«, extrem dehnen. Aus der Sicht einer solchen Teilchenuhr hätte das Universum deshalb schon ewig bestanden, während es »in Wirklichkeit« erst 10^{-44} Sekunden alt wäre.

Ein Anfang jenseits von Zeit und Raum

Der Versuch muss also scheitern, unser menschliches Zeitmaß auf den extremen Zustand zu Beginn des Universums anzuwenden. Es verliert dort seine Gültigkeit. Die Ereignisse, die gleich nach dem Urknall stattfanden, erlauben keine Standarduhr, denn wir haben es mit einer unvorstellbar großen Fülle von Ereignissen zu tun, von denen jedes sein eigenes Zeitmaß besitzt. Entsprechend den extrem kurzzeitigen Ereignissen müsste auch die Zeit im frühen Universum extrem schnell abgelaufen sein, um dann in allen folgenden Phasen der Entfaltung des Universums immer langsamer geworden zu sein.

Unser Zeitbegriff ist lokal auf unseren Planeten Erde zugeschnitten; auf die Ereignisse gleich nach dem Urknall ist er somit gar nicht anwendbar. Die Zeit, die unsere Atomuhren messen, verliert ihren Sinn für die Frühphase des Universums, weil es da noch gar keine Atome gab, ja nicht einmal Atomkerne. Das Universum war 10^{-44} Sekunden nach dem Urknall unvorstellbar viel kleiner als ein Atom.

Wenn man bedenkt, dass das Universum dreizehn Milliarden Jahre alt ist, mutet es reichlich absurd an, dass wir gerade über die ersten 10^{-44} Sekunden dieser gewaltigen Zeitspanne nichts sagen können. Dieser winzige Zeitraum, den man eigentlich vernachlässigen könnte, ist zu einem unerträglichen Stachel für die Astrophysik geworden.

Die kosmische Zeit hat sich also nicht exakt bei null »eingeschaltet«, sondern erst etwas später, eben 10^{-44} Sekunden später. Davor gab es keine Zeit, so ist zu vermuten. Es muss ein Zustand höchstmöglicher Formlosigkeit gewesen sein, das absolute Raum-Zeit-Chaos. Für solche Zustände kennen wir noch keine physikalischen Gesetze. Man kann aber davon ausgehen, dass es solche, noch unbekannten Gesetze gibt. Es fehlen der Physik vorerst die theoretischen Instrumente, um solche Zustände naturgesetzlich zu beschreiben. Nur für den Zeitpunkt null wird es niemals eine physikalische Beschreibung geben.

Der erste beschreibbare Zustand des Universums: Quarkbrei

Nun haben wir ausgiebig um den heißen kosmischen Urbrei herumgeschrieben, ohne ihm gedanklich wirklich nahe gekommen zu sein. Aber das wäre auch zu viel verlangt bei einem Brei, der 10^{32} Grad heiß ist. Umso gespannter sind wir jetzt natürlich zu erfahren, was zum Zeitpunkt 10^{-44} Sekunden nach dem Urknall geschah, als das Universum gerade mal 10^{-33} Zentimeter groß war.

Es waren mit einem Schlag jene Elementarteilchen da, die nach heutiger Erkenntnis die elementarsten Teilchen überhaupt sind: die Quarks. Aus diesen Quarks setzen sich die Bausteine der Atomkerne zusammen, also die Protonen und die Neutronen. Mit den Quarks tauchten noch zwei weitere Arten von Elementarteilchen auf: die

Elektronen und die Neutrinos, die nicht mit den Neutronen zu verwechseln sind. Neutrinos sind, wie die Neutronen auch, ungeladene Teilchen, die jedoch nur eine verschwindend kleine Masse besitzen. Den genauen Wert kennt man noch nicht, aber nach den neuesten Forschungsergebnissen, die eine japanisch-amerikanische Wissenschaftlergruppe kürzlich vorlegte, soll ein Neutron mindestens ein Zehnmilliardstel des Elektrons wiegen. Diese geisterhaften Teilchen treten mit der Materie nur in eine extrem schwache Wechselwirkung und entziehen sich deshalb fast gänzlich den Experimentiermethoden der Physiker. Das heißt, sie durchdringen Materie nahezu mühelos. Wenn ich zum Beispiel eine Sekunde lang zur Sonne hochschaue, gehen ungefähr eine Milliarde Neutrinos durch meine Augen hindurch. Aber nicht nur meine Augen und meinen Körper durchdringen sie, sondern durch die ganze Erdkugel gehen sie problemlos hindurch, ohne jede Abschwächung ihrer Energie.

Alle Elementarteilchen (Quarks, Elektronen und Neutrinos) tauchten also sofort nach dem Urknall aus dem Nichts auf und bewegten sich in einem Meer von Licht. Das Licht entstand, weil gleichzeitig mit der Materie auch Antimaterie aus dem Urknall hervorgegangen war. Die Antimaterie bestand aus den entsprechenden Antielementarteilchen, also aus Antiquarks, Antielektronen (auch Positronen genannt) und Antineutrinos. Letztere unterscheiden sich, was die Ladung betrifft, nicht von den Neutrinos; beide sind ungeladen. Die Antimaterieteilchen haben die gleichen Eigenschaften wie die Materieteilchen; sie unterscheiden sich nur durch eine entgegengesetzte Ladung.

Trifft aber Materie auf Antimaterie, stößt also zum Beispiel ein Elektron mit einem Positron zusammen, so löschen sich beide Teilchen in einem Lichtblitz gegenseitig aus. Bei sehr hohen Temperaturen, wie sie gleich nach dem Urknall herrschten, wandelt sich das Licht seinerseits wieder zu Paaren aus Teilchen und Antiteilchen um. Materie-, Antimaterieteilchen und Licht entstanden und verschwanden in einem unablässigen Wechsel von Entstehungs- und Vernichtungsprozessen.

Auch diesen Vorgang kann man im Kleinen in Kernforschungslabors herbeiführen. Aus purer Energie, die sich zum Beispiel mithilfe starker elektromagnetischer Felder erzeugen lässt, entstehen plötz-

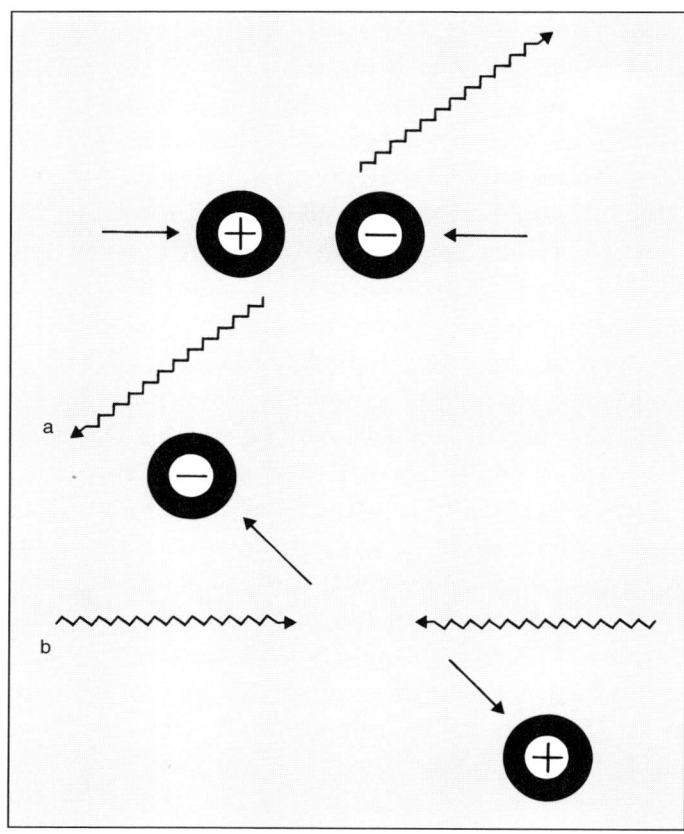

a) Ein Materie- und ein Antimaterieteilchen stoßen zusammen und
werden zu Strahlung (Paarvernichtung).
b) Ein Teilchen und ein Antiteilchen entstehen aus Strahlung (Paar-
erzeugung).

lich, buchstäblich aus dem Nichts, Paare von Elektronen und Positronen, die sich sofort wieder gegenseitig in einem Lichtblitz auslöschen. Die Energie muss nur entsprechend hoch sein, damit dieses
Experiment gelingt.

Gleichzeitig mit dem kosmischen Wechselspiel zwischen Materie
und Antimaterie dehnte sich das Universum blitzartig aus, also mit
Lichtgeschwindigkeit, wobei seine Dichte und damit auch seine

Temperatur ebenso blitzartig abnahmen. Diese explosionsartige Ausdehnung darf man sich allerdings nicht als eine gewöhnliche Explosion vorstellen. Sie fand ja nicht in einem dreidimensionalen Raum statt.

Die vierdimensionale Raumzeit selbst war es, die sich ausdehnte, wofür es wiederum keine bildliche Vorstellung gibt. Im Gegensatz zu einer normalen irdischen Explosion hatte die »Urknall-Explosion« kein Zentrum, von dem aus die Materieteilchen mehr oder weniger gleichmäßig in alle Richtungen fortflogen. Bei der »Urknall-Explosion« befand sich jedes Teilchen im Zentrum und zugleich auch am Rand, jedes Teilchen flog von jedem fort.

Damit wird auch die Frage hinfällig, wohin sich das Universum ausdehnte. Es dehnte sich keineswegs in ein Nichts jenseits des Universums aus. Die Physik erlaubt auch hier keine Aussage über etwas, das sich außerhalb des Universums befände. Wie die Physik kein Nichts vor dem Urknall erlaubt, so wenig erlaubt sie ein Nichts außerhalb des Universums, in das hinein es sich ausdehnen könnte. Das Universum, auch wenn es endlich ist, erlaubt keinen leeren Raum oder sonst etwas außerhalb seiner selbst. Sosehr es unser Gehirn strapaziert: Das Universum dehnt sich in sich selber aus. Man könnte auch sagen: Das Universum dehnt sich dorthin aus, wo es schon ist.

Den Urknall kann man noch heute »hören«

Die blitzartige Ausdehnung und Abkühlung des Universums führte dazu, dass sich schon nach der ersten tausendstel Sekunde fast alle Quarks und Antiquarks in Licht verwandelt hatten. Das Wörtchen »fast« ist von entscheidender Wichtigkeit, denn ohne diese Einschränkung wäre die Geschichte des Universums schon an diesem frühen Punkt wieder zu Ende gegangen. Die Materie hätte sich durch die Antimaterie vollständig aufgehoben. Es wäre nur ein von Licht erfülltes Universum übrig geblieben. Durch einen physikalisch nicht zu erklärenden Zufall hat der Urknall jedoch ein wenig mehr Quarks als Antiquarks hervorgebracht. Auf eine Milliarde Antiquarks kamen eine Milliarde und ein Quark. Aus diesem winzigen Quarküberschuss ging die gesamte Materie des Universums hervor.

Im Grunde ist unser Kosmos ein Strahlungskosmos mit einem winzigen, geradezu unbedeutenden Schuss Materie drin. Zumindest für den Anfang des Universums gilt: Es gab eine absolute Vorherrschaft der Strahlung gegenüber der Materie. Im Lauf der Jahrmilliarden aber ist mit der Ausdehnung des Universums die Strahlung nach und nach schwächer geworden, sie hat sich in den Weiten des Kosmos erschöpft. Die Materie gewann die Oberhand, auch wenn sie selbst nur sehr spärlich im Weltraum verteilt ist.

Ganz verschwunden ist die Strahlung der »Urknall-Explosion« allerdings nicht. Das Universum hat noch immer eine Temperatur, die freilich so gering ist, dass man sie kaum noch messen kann. Wenn man so will, erreicht uns vom Urknall noch immer ein schwacher Strahlungsrest, der gleichmäßig aus allen Richtungen bei uns eintrifft. Man nennt ihn Hintergrundstrahlung. Entdeckt wurde diese Strahlung im Jahr 1965 rein zufällig von zwei amerikanischen Radioastronomen, Arno Penzias und Robert Wilson. Allerdings hatte sie schon in den Vierzigerjahren der Physiker George Gamow (1904–1968) vorausgesagt.

Diese Hintergrundstrahlung liegt nur ganze drei Grad über dem absoluten Temperatur-Nullpunkt (= null Grad Kelvin oder −273 Grad Celsius). Man nennt sie deshalb auch die »3-Kelvin-Hintergrundstrahlung«. Sie liegt im Mikrowellenbereich der elektromagnetischen Strahlung. Sie ist die älteste Strahlung, die wir im Universum beobachten können. Sie ist fast so alt wie das Universum.

Die Entdeckung dieser Hintergrundstrahlung war für die moderne Astronomie mindestens so bedeutsam wie Hubbles Entdeckung der Galaxienflucht. Sie stützte die Urknalltheorie auf überzeugende Weise, ja, sie bewies ihre Richtigkeit. Sie zählt deshalb zu den herausragendsten Entdeckungen dieses Jahrhunderts. Penzias und Wilson erhielten dafür 1978 den Nobelpreis für Physik.

Aber kehren wir von den drei Grad, die das Urknall-Feuer jetzt noch an Temperatur hat, zu den unvorstellbar hohen Temperaturen kurz nach dem Urknall zurück. Diejenigen Quarks, die den Auslöschungsprozess zwischen Materie und Antimaterie überstanden hatten, bildeten in dem weiter sich abkühlenden »Urbrei« die Protonen und Neutronen, also die Kernbausteine für die Atome. Damit war die Grundlage gelegt für ein Universum, das imstande ist, Galaxien, Sterne und Planeten hervorzubringen – und irgendwann, nach Milliarden von Jahren, auch Leben.

Nach etwa einer Zehntelsekunde war das sich ausdehnende Universum bereits auf dreißig Milliarden Grad »abgekühlt«. An der Zusammensetzung des Universums hatte sich dabei nichts Grundlegendes geändert. Allerdings wurde es für die Neutronen bei sinkender Temperatur immer einfacher, sich in die etwas leichteren Protonen zu verwandeln. »Verwandeln« bedeutet, dass aus dem Zusammenstoß von einem Neutron und einem Neutrino ein Proton und ein Elektron entstehen. Diese Umwandlung von immer mehr Neutronen in Protonen hatte zur Folge, dass sich das Verhältnis zwischen diesen beiden Kernteilchenarten, das bis dahin gleich war, zugunsten der Protonen verschob. Zu diesem Zeitpunkt kamen vier Protonen auf ein Neutron und die Zahl der Elektronen entsprach jener der Protonen. Von Anbeginn war die Gesamtladung des Universums gleich null und daran hat sich bis heute nichts geändert. Zu jenem Zeitpunkt waren die aus dem Urknall hervorgegangenen Antielektronen (= Positronen) durch Zusammenprall mit Elektronen allesamt vernichtet. Da aber im Urknall mehr Materie als Antimaterie entstanden war, blieb schließlich ein Rest von Elektronen übrig, der dem Vernichtungsprozess zwischen Elektronen und Positronen entgangen war. Dieser Elektronenrest entsprach genau dem Protonenrest, der den Vernichtungsprozess zwischen Protonen und Antiprotonen überdauerte. Es gab von da an keine Antimaterie mehr im Universum. So verlangt es zumindest das »Kochrezept« der Physiker für den kosmischen Urbrei. Dieses Kochrezept müsste allerdings umgeschrieben werden, wenn sich bewahrheitet, was Mitarbeiter der US-Raumfahrtbehörde NASA im Frühjahr 1997 bei Energiemessungen im Weltraum entdeckten: eine Wolke von Antimaterie mit einem Durchmesser von etwa viertausend Lichtjahren, und zwar nicht irgendwo fernab in den Tiefen – und damit Frühzeiten – des Kosmos, sondern in unserer eigenen Milchstraße. Antimaterie dürfte es nach unseren derzeitigen Kenntnissen im Universum nicht geben, von der künstlichen Antimaterie abgesehen, die man inzwischen in den Labors der Kernphysiker kurzzeitig herstellen kann.

Der Ursprung dieser Antimaterie-Wolke ist somit äußerst rätselhaft. Eine weitere Antimaterie-Wolke wurde dreitausend Lichtjahre von der Milchstraße entfernt in einer bis dahin als leer geltenden Region geortet. Bislang gibt es noch keine Erklärung für diese Entdeckungen. Rätselhaft ist vor allem auch, dass man die Antimaterie-Wolken nicht schon früher entdeckt hat. Fast möchte man meinen, sie seien erst »jetzt« entstanden. Vielleicht sind aber auch Messfehler die Ursache für die mysteriöse Entdeckung. Es kommt in der Astronomie gar nicht selten vor, dass sich sensationelle Entdeckungen früher oder später als kosmische Windeier entpuppen.

Doch wir wollen den Urknall nicht aus den Augen verlieren. Eine Sekunde ist das Universum in unserem Urknallmodell jetzt alt und hat noch immer – oder »nur noch« – eine Temperatur von zehn Milliarden Grad. Diese Temperatur lässt die Protonen und Neutronen sich immer noch sehr schnell bewegen, zu schnell, um ihre Verbindung zu Atomkernen zu ermöglichen.

Erst drei Minuten nach dem Urknall entstehen Heliumkerne

Am Ende der ersten drei Minuten hatte das Universum noch eine Temperatur von einer Milliarde Grad. Das ist »nur noch« siebzigmal so heiß wie das Zentrum der Sonne. Damit war nun eine Temperatur erreicht, bei der es den Protonen und Neutronen möglich wurde, sich zu Atomkernen zusammenzuschließen. Das war bis dahin in dem hochenergetischen Teilchendurcheinander nicht möglich. Sie bildeten zuerst Atomkerne von so genanntem Schweren Wasserstoff (Deuterium), das jeweils aus einem Proton und einem Neutron besteht. Diesen Deuteriumkernen war es nach weiterer Abkühlung des Universums möglich, sich zu den stabilen Kernen des Heliums zusammenzuschließen. Sie bestehen aus jeweils zwei Protonen und zwei Neutronen. Damit tritt, nach dem Wasserstoff (= Proton, vgl. S. 24), das zweite stabile chemische Element im Kosmos in Erscheinung, allerdings zunächst nur in Form von Atomkernen, die noch nicht in der Lage sind, Elektronen an sich zu binden und damit zu ganzen Atomen zu werden.

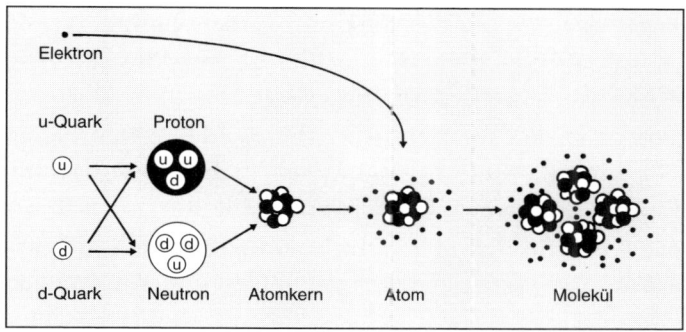

Modell zur Grundstruktur der Materie. Das u-Quark besitzt die Ladung $^2/_3$, das d-Quark die Ladung $-^1/_3$. Daraus ergibt sich für das Proton die Ladung 1, für das Neutron die Ladung 0.

Neben diesem Prozess der Heliumkernbildung ging der Zerfall der freien Neutronen in Protonen weiter, bis schließlich sämtliche Neutronen entweder in Heliumkernen gebunden oder aber zu Protonen zerfallen waren. Somit bestand das Kernmaterial im Universum bereits nach wenigen Minuten aus Heliumkernen und Wasserstoffkernen (= Protonen). Heliumkerne machten etwa dreiundzwanzig Prozent, die Wasserstoffkerne etwa siebenundsiebzig Prozent dieser Urmaterie aus.

Als das Universum an diesem Punkt seiner explosionsartigen Entwicklung angelangt war, war es ihm nicht mehr möglich, noch größere Atomkerne als die von Wasserstoff und Helium zu bilden. Die Heliumkerne hatten keine Gelegenheit mehr, heftig genug aufeinander zu treffen und zu schwereren Elementen wie Beryllium oder Kohlenstoff zu verschmelzen.

Im Lauf der nächsten einhunderttausend Jahre blieb das Universum dieses brodelnde Gemisch aus Wasserstoff- und Heliumkernen, aus Elektronen, Neutrinos und Licht. Erst dann war es so weit abgekühlt – nämlich auf wenige tausend Grad –, dass die vorhandenen Atomkerne Elektronen einfangen konnten, um Atome von Wasserstoff und Helium zu bilden. Das heißt: Jedes Proton verband sich mit einem Elektron und bildete ein Wasserstofatom. Und jeder Heliumkern verband sich mit zwei Elektronen, um ein Heliumatom zu bilden. Es mussten also erst einhunderttausend Jahre vergehen, ehe die elektromagnetische Kraft wirksam werden konnte, während die Starke Kernkraft gleich zu Beginn des Universums in Aktion trat und die Atomkerne zusammenschweißte.

Die fortan in den Atomen gebundenen Elektronen behinderten nun nicht mehr die freie Bewegung der Lichtwellen. Das bis dahin undurchsichtige »breiige« Universum wurde durchsichtig und, mit seiner weiteren Ausdehnung, immer dunkler. Materie und Strahlung hatten sich voneinander abgekoppelt und gingen getrennte Wege. Die Strahlung verlor sich in dem sich weiter ausdehnenden Weltraum, während sich die Materie zu Atomen verdichtete. Die Strahlung verlor mit ihrer Ausbreitung fortwährend an Energie; sie wurde immer langwelliger. Aus der extrem heißen Gammastrahlung des Urknalls ist dreizehn Milliarden Jahre später eine schwache Mikrowellenstrahlung von gerade mal drei Grad Kelvin geworden. Aus einem extrem heißen und hellen Universum wurde ein extrem kaltes und dunkles.

Die schwächste der Naturkräfte, die Massenanziehungskraft (= Gravitation), konnte nun ungehindert ihre Wirkung entfalten. Die vorhandene Materie aus Wasserstoff und Helium begann sich aufgrund der Anziehungskraft zwischen Materie zusammenzuballen. Die ersten Sterne und Galaxien entstanden, heiße, dicht zusammengeballte Materieinseln im eisig kalten und leeren Weltraum.

Noch einmal Gott

Bevor wir uns mit der Entstehung von Sternen und Galaxien genauer befassen, die etwa eine Milliarde Jahre nach dem Urknall einsetzte, ist es ratsam, erst einmal innezuhalten und unsere Gedanken noch einmal zum Ursprung der Welt zurückzuwenden.

Die Welt begann mit einer »Explosion« aus einem Zustand unendlich dichter und unendlich heißer Materie- beziehungsweise Energiekonzentration. Diese Energie war in einem unendlich kleinen Punkt konzentriert, demgegenüber ein Punkt, den wir mit Bleistift auf ein Blatt Papier setzen, als Riesenobjekt zu bezeichnen wäre. Das Wort »unendlich« drückt die Hilflosigkeit aus, mit der wir solchen physikalischen Tatsachen gegenüberstehen. Unsere Hilflosigkeit lässt es deshalb auch gar nicht so abwegig erscheinen, für diese »Unendlichkeiten« eine unendliche Gottheit verantwortlich zu machen. Der Gedanke an einen unfassbaren Schöpfergott geht zwar über den Geltungsbereich der Naturwissenschaften hinaus – er hat nichts mehr mit Wissen, sondern nur noch mit Glauben zu tun –, aber es ist trotzdem ein Gedanke, den viele große Physiker nicht auszusprechen scheuten.

Für Einstein wie für alle großen Physiker vor ihm steht außer Zweifel, dass die Natur von einer staunenswerten inneren Harmonie getragen wird. Diese Harmonie lässt sich in immer genaueren, tiefer gehenden Naturgesetzen beschreiben. Für Einstein wurde die naturwissenschaftliche Forschung zur Offenbarung einer übergeordneten, uns überlegenen Vernunft, die im ganzen Universum, vom ganz Kleinen bis zum ganz Großen, am Werk ist. Dies so zu sehen und darüber in Staunen versetzt zu werden, ist für Einstein nichts Geringeres als wahre Religiosität. Ob man dabei von einem Schöpfergott ausgeht oder nicht, ist nicht so wichtig. »Jedem tiefen Naturforscher«, schreibt Einstein, »muß eine Art religiösen Gefühls naheliegen; weil er sich nicht vorzustellen vermag, daß die ungemein feinen Zusammenhänge, die er erschaut, von ihm zum ersten Mal gedacht wurden. Der Forscher fühlt sich dem noch nicht Erkannten gegenüber wie ein Kind, das der Erwachsenen überlegenes Walten zu begreifen sucht.« Für Einstein sind Forschen und Religiössein nicht voneinander zu trennen. Man kann religiös sein ohne Forscher zu sein, aber man kann, so meint Einstein, schwerlich nach den letzten Dingen forschen ohne dabei religiös zu werden.

Von Gott spricht Einstein nicht. Dafür ist ihm der Begriff »Gott« zu sehr verknüpft mit der Vorstellung eines persönlichen Gottes, also eines Gottes mit menschlichem Gesicht, mit menschlichen Eigenschaften und Denkweisen. Eine solche Gottesvorstellung ist für Einstein unvereinbar mit den modernen naturwissenschaftlichen Erkenntnissen. Freilich gesteht Einstein auch ein, dass die moderne Naturwissenschaft nicht in der Lage ist, einen die Welt lenkenden persönlichen Gott zu widerlegen. In diesen Dingen hört der Geltungsbereich der Naturwissenschaft auf und der der Religion beginnt.

Die religiöse Tiefe der Welt mit ihrer rätselhaften Entstehung erweist sich für einen Physiker wie Einstein vor allem in der Feinabstimmung der Naturkräfte, die das Universum so gestaltet haben, wie es ist. Die Starke Kernkraft zum Beispiel ist 10^{40}-mal stärker als die Gravitationskraft. Die elektromagnetische Kraft ist 10^{29}-mal stärker als die Gravitation. Interessant ist auch, daß die Zahl 10^{40} sich wiederfindet im Verhältnis von Radius des Universums zu Radius des Protons (Wasserstoffkerns). Das heißt: Das Universum ist 10^{40}-mal größer als ein Proton. Und die Masse des Universums ist 10^{80}-mal größer als die Masse des Protons. Bis heute hat die Physik nicht verstanden, *warum* die Natur gerade diese Naturkräfte, diese Kraftfelder, diese Kernteilchen mit ihren verschiedenen Massen gewählt hat. Rein theoretisch wäre ja auch ein anderes Universum denkbar mit anderen Kraftfeldern und anderen Werten für die Naturkonstanten. So wäre auch ein Universum denkbar, in dem es weder Sterne noch Galaxien gibt und somit auch keine Planeten, sondern einzig Strahlung oder gleichmäßig über das ganze Universum verteilten Wasserstoff, mit Helium durchmischt.

Bereits in den ersten Bruchteilen einer Sekunde nach dem Urknall war entschieden, dass in diesem Universum Sterne und Planeten entstehen würden und damit die Möglichkeit für Leben. Dagegen kann man einwenden, dass allein eine Kette von Zufällen das Universum so gestaltet haben könnte, wie es sich uns zeigt. Mag sein, dass im Kosmos von Anfang an nur Zufälle im Spiel waren. Die Wahrscheinlichkeit einer solchen Häufung von Zufällen ist allerdings verschwindend gering. Die herrschenden physikalischen Gesetze erwecken eher den Eindruck, dass hier eine unfassbare Intelligenz am Werk war, die den Plan für dieses Universum entworfen hat. Diese absolute Intelligenz hätte das Universum im Moment der Entstehung mit allen physikalischen Größen ausgestattet, die notwendig sind, damit es sich anschließend ganz von allein, ohne weiteren »göttlichen« Eingriff, entfalten kann bis hin zur Entstehung von Leben. Zumindest auf einem Planeten dieses Universums entstand ein Leben, das sich Gedanken zum Universum macht, es beobachtet und befragt und dieses Befragen unter anderem mit der Idee eines Gottes verknüpft.

Die Feinabstimmung der Naturkräfte

Schon winzigste, kaum noch messbare Abweichungen bei den physikalischen Grundkräften der Natur hätten dazu geführt, dass das Universum vollkommen anders aussehen würde. Das heißt, die menschliche Gattung hätte sich niemals entwickeln können. Würde zum Beispiel die Ladung des Elektrons nur um ein Geringes von ihrem tatsächlichen Wert abweichen, dann hätten sich die Elementarteilchen in der heißen Frühphase des Universums ganz anders verhalten. Das hätte zur Folge gehabt, dass der Anteil von Helium und Wasserstoff während der ersten drei Minuten der Urknallexplosion ein anderer gewesen wäre.

Wären die elektromagnetischen Anziehungskräfte zwischen den Elementarteilchen nur ein wenig größer gewesen, hätte nicht der Wasserstoff, sondern das Helium überwogen. Es hätten sich dann zwar auch Sterne bilden können, doch diese hätten nicht die Stabilität erreicht, die notwendig ist, um Leben auf Planeten entstehen zu lassen. Denn dafür sind Zeiträume von Milliarden Jahren nötig, also Sterne, die in der Lage sind, so lange zu scheinen.

Ein anderer entscheidender Faktor ist das Tempo der Ausdehnung nach dem Urknall. Dieses Tempo hängt direkt von der Lichtgeschwindigkeit ab. Läge sie nur etwas über ihrem tatsächlichen Wert, hätten sich niemals Wasserstoff und Helium zu Gaswolken zusammenballen können, aus denen schließlich Sterne und Galaxien hervorgingen. Die Ausdehnungsgeschwindigkeit des Universums wäre zu hoch gewesen, und die Massenanziehungskraft hätte keine Chance gehabt, wirksam zu werden. Wäre hingegen die Massenanziehungskraft nur wenig größer, hätte das Universum kaum ein Alter von Milliarden Jahren erreichen können. Es wäre dann vielleicht schon nach hundert Millionen Jahren wieder in sich zusammengestürzt, da die Fluchtgeschwindigkeit zwischen den Galaxien zu gering gewesen wäre, um gegenüber der Anziehungskraft zwischen den Galaxien siegreich zu sein.

Wieso aber beträgt die Lichtgeschwindigkeit gerade 299793 Kilometer pro Sekunde? Wir wissen es nicht. Wieso hat die Ladung des Elektrons gerade den Wert $1{,}602189 \cdot 10^{-19}$ Coulomb, oder wieso hat die Masse eines ruhenden Protons den Wert $1,672614 \cdot 10^{-27}$ Kilogramm gegenüber einer Ruhemasse des Elektrons von $9,109534 \cdot 10^{-31}$ Kilogramm? Diese abstrakten Zahlen, die nur messbar, aber nicht weiter ableitbar sind, sind verantwortlich dafür, dass das Universum so ist, wie es ist. Wenn es einen Schöpfergott gibt, dann muss er auf jeden Fall ein genialer Mathematiker sein, um alle diese elementaren Größen so fein aufeinander abstimmen zu können, damit ein Universum dabei herauskommt, das nicht sofort nach dem Urknall wieder in sich zusammenfällt.

Entscheidend für ein Universum, in dem es Materie gibt, ist nicht zuletzt, dass das anfängliche Gleichgewicht zwischen Materie und Antimaterie durch die rasche Temperaturabnahme gebrochen wird, wobei ein minimales Ungleichgewicht zugunsten der Materie eintritt. Das Universum hatte somit von Anbeginn nicht den geringsten Freiheitsspielraum, wenn es so werden wollte, wie es ist. In ganz engen physikalischen Grenzen musste sich das Universum entwickeln, um nach Milliarden Jahren die Entstehung von Leben zu ermöglichen.

Hat Gott die Werte der Naturkonstanten vorher ausgerechnet, ehe er ans Werk ging und den Urknall zündete? In seiner »unendlichen« Heftigkeit durfte der Urknall trotzdem nicht wirklich unendlich groß sein, sonst hätte er ein unendliches Universum hervorgebracht. Tatsächlich aber ist es »nur« ein endliches Universum, wenn auch unvorstellbar groß in seiner Endlichkeit. Somit war auch der Urknall trotz seiner unvorstellbaren Gewalt in seiner Stärke genau festgelegt. Das Universum durfte nach 10^{-43} Sekunden nur 10^{32} Grad heiß sein und nicht 10^{33} oder 10^{300} oder 10^{300000} Grad.

Die Werte der Naturkonstanten, die die Grundlage für das Funktionieren des Universums bilden, wären so etwas wie »Fingerabdrücke« eines übernatürlichen göttlichen Wesens, das diese Werte auf seinem Schöpfungswerk hinterlassen hat. Dieses Geistige und Übernatürliche findet in der abstrakten Sprache der Mathematik seinen wunderbaren Ausdruck. Die Mathematik ist gewissermaßen die Sprache Gottes. Es ist nicht die Natur selbst, die mathematisch »denkt«, aber sie kann mathematisch gedacht werden; sie muss mathematisch gedacht werden, wenn sie verstanden sein will. Es ist das Tiefste, das wir über die Natur wissen. Jenseits dieses Wissens bleiben Rätsel. Die verweisen auf etwas noch Tieferes als das, was die Mathematik zu erfassen vermag. Staunenswert ist, was wir über den Kosmos wissen, aber noch staunenswerter ist all das, was wir nicht wissen und nicht erklären können.

Die Gravitation als gestalterische Kraft

Doch zurück zum Anfang der Welt! Noch gibt es keine Sterne und Galaxien, sondern ein Universum, das nur aus einem extrem heißen Gasgemisch, nämlich aus Wasserstoff und Helium, besteht. Der Materie ist vorerst nur der gasförmige Zustand möglich. Flüssige oder feste Stoffe gibt es noch nicht. Damit sie entstehen können, muss erst die schwächste aller Naturkräfte, die Massenanziehungskraft, in Aktion treten. Durch die unablässige Ausdehnung des Universums nimmt zwar die Dichte der Gasmaterie immer weiter ab, aber sie ist auch dreihunderttausend Jahre nach dem Urknall immer noch groß genug, damit nun die Massenanziehungskraft zwischen den Wasserstoff- und Heliumatomen wirksam werden kann. Vorher war ihr das nicht möglich gewesen. Solange die Starke Kernkraft und die elektromagnetische Kraft noch am Werk waren, um zuerst Atomkerne und danach Atome zu bilden, konnte die Gravitationskraft nicht zum Zuge kommen. Denn sie ist »unendlich« viel schwächer als die beiden anderen Grundkräfte der Natur.

Nun kann die Massenanziehungskraft der weiteren Ausdehnung und damit Verdünnung der kosmischen Gasmaterie entgegenwirken. Das Gas ballt sich mehr und mehr zu gewaltigen Wolken zusammen. Diese Wolkenballungen nehmen an der weiteren Ausdehnungsbewegung des Universums nicht mehr teil. Es streben nur noch die Gaswolken als Ganze voneinander fort, aber innerhalb der Gaswolken findet eine immer stärkere Verdichtung statt. Große Teile der Materie entgehen dadurch der weiteren Abkühlung und Verdünnung. Während sich das Universum als Ganzes weiter abkühlt, steigt in den Gaswolken mit zunehmender Verdichtung die Temperatur wieder an. Das hat ganz einfach damit zu tun, dass die Abstände zwischen den Atomen immer geringer werden und deshalb immer öfter Zusammenstöße zwischen Atomen passieren. Immer heftiger bewegen sich die Atome gegeneinander, wobei diese Zusammenstöße zum Aussenden von elektromagnetischer Strahlung führen. Von einem bestimmten Grad der Verdichtung an beginnen Gaswolken aus sich selber zu leuchten.

Nun hat sich aber die gesamte Gasmasse im Universum nicht zu einem einzigen dichten Gashaufen, zu einer einzigen Riesengalaxie zusammengeballt, sondern sie hat unzählige verschiedene Gaswolken von Galaxiengröße herausgebildet. Bis heute fehlt der Astronomie eine schlüssige Erklärung, wie es in dem Gaskosmos überhaupt dazu kommen konnte, dass unterschiedliche Gasdichten zustande kamen. Dieser Vorgang setzt eigentlich voraus, dass schon der heiße »Urbrei« nicht überall exakt die gleiche Dichte hatte. Die Urknall-Explosion dürfte also nicht vollkommen gleichförmig abgelaufen sein. Gleich nach dem Urknall müssen Energiedichte-Schwankungen aufgetreten sein, die später, als das Universum auf einige tausend Grad abgekühlt war, unterschiedliche Gasdichten im Kosmos entstehen ließen. Gebiete mit höherer Gasdichte waren in der Lage, schneller noch mehr Gasmaterie zu sich heranzuziehen und zu gewaltigen Gaswolken zu verdichten.

Wenn aber die Energiedichte schon bei der Urknall-Explosion nicht überall exakt gleich war, so müsste man auch heute noch bei der 3-Kelvin-Hintergrundstrahlung, also dem »Echo« des Urknalls, winzige Unregelmäßigkeiten feststellen können. Wenn der Urknall nicht vollkommen gleichmäßig ablief, so darf auch sein »Echo« nicht überall gleichmäßig bei uns eintreffen.

Um die Hintergrundstrahlung von 3 Kelvin daraufhin zu untersuchen, startete man im November 1989 den Erdsatelliten COBE (Cosmic Background Explorer). Zuerst maß COBE die Hintergrundstrahlung sehr genau: Sie beträgt 2,735 Kelvin. Weitere Messungen ergaben, dass es in der Tat winzige Abweichungen von diesem Wert gibt, je nachdem, von wo die Hintergrundstrahlung aus dem Universum eintrifft. Die Abweichungen betragen nur wenige zehntausendstel Kelvin. Wenn die Messungen richtig sind, so wäre das ein Beweis dafür, dass es schon in einer sehr frühen Phase des Weltalls Temperatur- und damit Dichteschwankungen gab, die noch jetzt an der 3-Kelvin-Strahlung abzulesen sind. Hieraus erklärte sich dann auch der großräumige, honigwaben- oder schaumartige Aufbau des Universums. Überall, wo die Dichte gleich zu Beginn des Kosmos etwas größer war, bildeten sich die Galaxien beziehungsweise die Galaxienhaufen heraus. Sie zogen das Gas zu sich heran, bis es in Milliarden von riesigen Wolken konzentriert war und sich dazwischen nur noch leerer Raum ausdehnte.

Schon in der allerersten Phase gleich nach dem Urknall musste etwas in dem heißen Chaos der Elementarteilchen dazu geführt haben, dass Dichteschwankungen auftraten. Dieses »Etwas« ist den Astronomen noch ein Rätsel.

Aus Gaswolken wurden Galaxien

Rund eine Milliarde Jahre nach dem Urknall, als das Universum nur noch »Zimmertemperatur« hatte, war die Materie also nicht mehr gleichmäßig im Weltraum verteilt. Gebiete mit hoher Materiedichte hatten sich herausgebildet. Die Materiedichte in diesen Gebieten war zwar höher als im kosmischen Durchschnitt, aber immer noch viel zu gering, um Wasserstoff- und Heliumatome zahlreich aufeinander treffen zu lassen. Wenn man die Materiedichte einer gewöhnlichen Galaxie zur Grundlage nimmt, kann man davon ausgehen, dass auf einem Kubikzentimeter Rauminhalt gerade mal ein Atom zu finden ist. Das entspricht einer Dichte, die billiardenmal kleiner ist als die der Luft, die wir atmen. Trotzdem reichte diese geringe Dichte aus, um nach und nach weitere Gasmengen anzuziehen. Dieser Vorgang erstreckte sich allerdings über viele Jahrmillionen und er gelang nur, weil unvorstellbar große Gasmassen mit entsprechend großer Massenanziehungskraft daran beteiligt waren.

Je länger sich die Zusammenballung der Gasmaterie fortsetzte, umso schneller drehten sich diese galaktischen Urwolken um sich selber. Denn jedes Atom bringt von sich aus eine Eigendrehung mit, die ihm gewissermaßen vom Urknall mitgegeben wurde. Wo sich unzählige Atome zu Gaswolken zusammenballen, bleibt das Drehmoment der Einzelatome erhalten und lässt die Gaswolke als Ganze in sich selber rotieren. Deshalb gibt es im Universum auch nichts Unbewegtes. Auch der ruhende Bleistift auf meinem Schreibtisch bewegt sich, wenn man ihn im kosmischen Zusammenhang betrachtet: Er macht die Erddrehung mit, ebenso die Bewegung der Erde um die Sonne, ebenso die Bewegung der Sonne innerhalb der Galaxis und ebenso die Bewegung der Galaxis innerhalb des Galaxienhaufens.

Je nachdem, wie stark die Anfangsrotation einer kosmischen Gaswolke war, wurde die Wolke im Lauf der Zeit entlang der Drehachse mehr oder weniger zusammengedrückt. Es bildeten sich scheibenförmige oder elliptische Urgalaxien heraus, die allerdings noch keine Sterne enthielten.

Die Sternentstehung setzte erst ab jenem Punkt ein, da die rotierende Urwolke – man könnte auch von einem Galaxieembryo sprechen – durch die Einwirkung der Schwerkraft in Milliarden kleine Einzelwolken zerfiel. Diese entstanden wahrscheinlich wiederum durch Dichteschwankungen in der Urgalaxie. Die kleineren Gaswolken waren aber weiterhin der Schwerkraft unterworfen; auch sie ballten sich immer noch dichter zusammen, wodurch ihre Innentemperatur rasch anstieg. Die Gasverdichtung ging erst langsam, dann immer schneller vor sich. Man nimmt an, dass eine dichte Gaswolke von der Größe unseres Sonnensystems nur noch ein paar hundert Jahre benötigt, um sich zur Größe der Sonne zu verdichten.

Schließlich erreicht die Temperatur im Zentralbereich der rasch zusammenstürzenden Gasmasse Werte von einigen Millionen Grad. Die Gasdichte beträgt dort etwa das Einhundertsechzigfache von Wasser. Die Wasserstoff- und Heliumatome, aus denen solch eine heiße Gaskugel besteht, prallen in ihrem Innern so heftig aufeinander, dass sie ihre Elektronen verlieren. Es bleiben nur noch Wasserstoff- und Heliumkerne übrig. Damit erreicht die Materie wieder einen Zustand, den sie zu Beginn des Universums schon einmal hatte: Sie besteht nur noch aus Atomkernen.

Der gewaltige Druck und die enorme Hitze im Zentrum solch einer Gaskugel machen es möglich, dass die Wasserstoffkerne zu Heliumkernen verschmelzen. Bei diesem Vorgang der Kernverschmelzung wird ein Teil der Kernmasse gemäß Einsteins Formel $E = mc^2$ in Energie umgewandelt. Für eine einzige Verschmelzung von vier Wasserstoffkernen zu einem Heliumkern ergibt sich folgende einfache Rechnung: Ein Wasserstoffkern hat das Atomgewicht 1,008, somit haben vier Wasserstoffkerne zusammen das Atomgewicht 4,032. Heliumkerne aber haben nur ein Atomgewicht

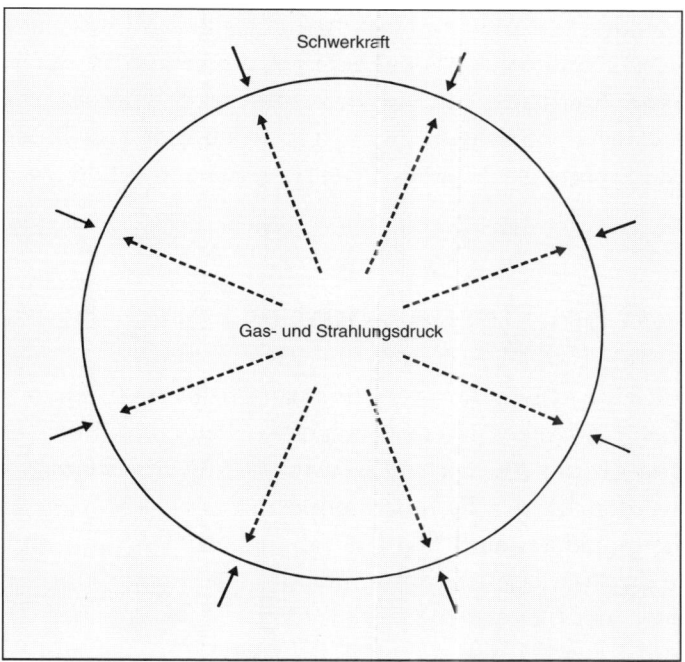

Lange Zeit seines Lebens ist ein Stern stabil. Die Schwerkraft wiegt den Strahlungs- und den Gasdruck auf.

von 4,004. Damit liegt das Gewicht von vier Wasserstoffkernen um 0,028 Atomgewichtseinheiten über dem des Heliumkerns. Bei der Verschmelzung von vier Wasserstoffkernen zu einem Heliumkern wird also diese Differenzmasse vollständig in Strahlung umgewandelt. Die Strahlung, die unsere Sonne auf die Erde schickt und ohne die kein Leben möglich wäre, ist zu Energie umgewandelte Atomkernmasse. Jeder Stern ist ein gigantisches Atomkraftwerk, in dem allerdings Atomkerne nicht gespalten, sondern miteinander verschmolzen werden.

Die kosmische Gaswolke, die sich schließlich zu einem Gasball verdichtet hat, strahlt aus sich selbst: Ein Stern ist geboren. Der Strahlungsdruck im Innern des feurigen Gasballs würde allerdings sofort wieder dazu führen, dass er sich mächtig aufblähte. Was eben entstanden ist, würde sofort wieder zerplatzen. Diesem Schicksal entgeht der junge Stern dadurch, dass die Schwerkraft, die den Stern zusammendrücken möchte, exakt dem Strahlungsdruck entspricht, der den Stern aufblähen möchte. Es herrscht also in der stabilen Phase eines Sternenlebens, die viele Milliarden Jahre dauern kann, ein Gleichgewicht zwischen dem Gasdruck, der von innen nach außen wirkt, und der Massenschwerkraft, die von außen nach innen drückt.

Auch bei Sternen gibt es Fehlgeburten

Damit eine stabile Kernverschmelzung im Innern einer kosmischen Gaswolke in Gang gesetzt werden kann, muss natürlich genügend Gasmaterie vorhanden sein. Es muss eine Gasdichte erreicht werden, bei der die Innentemperatur des Gasballs auf mehrere Millionen Grad ansteigt. Man geht davon aus, dass mindestens acht Prozent der Sonnenmasse nötig sind, um eine stabile Kernfusion im Zentrum eines Gasballs zu zünden. Liegt die Masse einer Gaskugel unterhalb dieser Grenze, so kann kein richtiger Stern daraus hervorgehen. Der Funke springt nicht über. Es entsteht dann nur ein so genannter Brauner Zwerg, der Milliarden Jahre mit tiefrotem bis bräunlichem Licht schwach vor sich hin glimmt – eine verhinderte Sonne, wenn man so will. Es sind Gebilde, die ein Zwischenstadium zwischen einem Stern und einem Planeten darstellen. Unser riesiger Gasplanet Jupiter, der vor allem aus Wasserstoff und Helium besteht, also von daher einer Sonne sehr ähnlich ist, hat nur knapp ein Dasein als Brauner Zwerg verfehlt.

Braune Zwerge kühlen nach ihrer durch die Gasverdichtung entstandenen Erwärmung wieder ab. Ihre schwache Strahlung im Infrarotbereich entsteht also nicht durch Kernverschmelzung, sondern sie stellt einfach nur Wärmeenergie dar, die durch die Bewegungen der verdichteten Gasatome entsteht. Da diese Himmelsobjekte relativ klein sind und nur schwach strahlen, hat es lange gedauert, bis man endlich eines von ihnen entdeckt hat. Erst im Jahr 1995 fand man einen Braunen Zwerg im Sternhaufen der Plejaden. Er besitzt gerade mal zwei Prozent der Sonnenmasse und hat nur eine Oberflächentemperatur von 2350 Grad Kelvin. (Zum Vergleich: Die Sonne hat eine Oberflächentemperatur von 5785 Grad Kelvin.)

1997 entdeckte eine Astronomin an der Europäischen Südsternwarte in Chile einen weiteren Braunen Zwerg in nur dreiunddreißig Lichtjahren Entfernung von der Erde. Damit ist er bestens für genauere Untersuchungen geeignet. Schon jetzt steht fest, dass seine Oberflächentemperatur unter 1700 Grad Kelvin liegt.

Energiemonster am Rand der Welt

Bevor wir das weitere Schicksal eines richtigen Sterns anhand unserer Sonne genauer betrachten, ist es nötig, noch einmal zur Entstehung erster Galaxien in der Frühphase des Universums zurückzukehren. Mit »Frühphase« sind die ersten zwei Milliarden Jahre nach dem Urknall gemeint. Damals verlief die Galaxienentstehung vermutlich nicht so geradlinig und problemlos, wie ich es oben geschildert habe. Es fällt nämlich auf, dass die Galaxien umso formloser erscheinen, je weiter sie von uns entfernt sind, je näher sie also zeitlich am Urknall liegen. Je tiefer zum Beispiel das Hubble-Weltraumteleskop in den Weltraum geblickt hat, d. h. in die Vergangenheit des Universums vordrang, desto undeutlicher wurden die Spiralformen der fotografierten Galaxien. Die allgemeine Vorstellung von den Galaxien als gewaltigen, unveränderlichen Himmelsgebilden ist also falsch. Es scheint, dass in der Frühphase des Universums die entstandenen Galaxien noch relativ oft miteinander zusammenstießen und dabei unregelmäßige Formen annahmen. Kleinere Galaxien wurden von großen »geschluckt«. Aber auch ohne Zusammenstöße dürften die Galaxien der Frühzeit ziemlich instabil gewesen sein. Die Materiedichte war in den frühen Galaxien vermutlich so groß, dass in der Hauptsache Riesensterne in ihnen entstanden sind, die nur eine relativ kurze Lebensdauer hatten. Denn je größer ein Stern ist, umso schneller braucht er seinen Brennstoffvorrat (die Wasserstoffkerne) auf.

Besonders im Zentrum der jungen Galaxien, wo sich die Sternentwicklung auf viel engerem Raum abspielte als in den äußeren Bereichen, muss es extrem turbulent und chaotisch zugegangen sein. Riesige, massereiche Sterne verlöschen nämlich nicht einfach wie Kerzen, sondern sie enden in einer gewaltigen Explosion, bei der ein so genanntes Schwarzes Loch übrig bleibt. Die Bildung unzähliger Schwarzer Löcher im Zentrum junger Galaxien führte vermutlich dazu, dass nach und nach die größeren Schwarzen Löcher die kleineren verschlangen. Auch Schwarze Löcher haben die Eigenschaft, Massenanziehungskraft auszuüben. Irgendwann, wenn das gegenseitige Verschlingen ein Ende hat, sitzt im Zentrum einer Galaxie ein gewaltiges Schwarzes Loch mit einer Masse, die die der Sonne um mehrere Millionen übersteigt. Die Astrophysiker gehen inzwischen davon aus, dass sich im Zentrum einer jeden Galaxie ein Schwarzes Loch befindet, also auch im Zentrum unserer Milchstraße. Der Unterschied zu den Galaxien der Frühzeit des Universums liegt jedoch darin, dass deren Schwarze Löcher wesentlich massereicher waren als die in späteren, ruhigeren Galaxien. Man bezeichnet deshalb die frühen Galaxien auch als aktive Galaxien. Wahrscheinlich haben die meisten Galaxien in ihrer Jugendzeit solche aktiven Phasen durchgemacht.

Doch »aktiv« sind nicht die Galaxien als Ganze, sondern nur ihre Zentren. Dort haben sie mit ihrem Schwarzen Loch eine Art von zentraler Maschine, die fortwährend Materie in Strahlung umwandelt. Am strahlungsintensivsten unter den verschiedenen Typen aktiver Galaxien sind die so genannten Quasare. Sie sind die energiereichsten Objekte des Universums überhaupt, wahre Energiemonster. Das Wort Quasar leitet sich ab von der englischen Bezeichnung Quasi-Stellar Radio Source, was so viel heißt wie sternähnliche Radioquelle. Inzwischen sind rund zweitausend solcher Quasare bekannt. Es sind unter ihnen die am weitesten entfernten Objekte, die wir kennen, oder anders gesagt: Sie sind von allen kosmischen Objekten dem Urknall am nächsten.

Obwohl Quasare Milliarden Lichtjahre von uns entfernt sind, können sie mit Radioteleskopen immer noch deutlich wahrgenommen werden, was zu dem Schluss zwingt, dass die tatsächliche Strahlungskraft dieser Quasare unvorstellbar hoch sein muss. Berechnungen haben ergeben, dass ein durchschnittlicher Quasar mehr Strahlung abgibt als hundert durchschnittliche ältere Galaxien zusammen. Die Strahlungsleistung eines Durchschnittsquasars beträgt 10^{40} Watt; das ist die Strahlkraft von zehn Billionen Sonnen.

Im Radioteleskop erscheinen diese enorm starken Strahlungsquellen punktförmig, das heißt, ihre tatsächliche Ausdehnung kann nicht mehr als einige Lichtwochen betragen. Sie ist damit winzig klein im Vergleich zu den Durchmessern von Galaxien, die über einhunderttausend Lichtjahre betragen können. Im Vergleich zu einer gewöhnlichen älteren Galaxie ist ein Quasar nur ein Pünktchen, das aber hundertmal mehr Energie abstrahlt als eine Galaxie von der Art unserer Milchstraße.

Quasare verhungern irgendwann

Kernverschmelzungsprozesse, wie sie in Sternen ablaufen, wären nicht in der Lage, solche Energiemengen, wie sie Quasare erzeugen, auf derart kleinem Raum hervorzubringen. Aus diesem Grund hat sich unter den Wissenschaftlern die Vorstellung durchgesetzt, dass Quasare nichts anderes sind als gigantische Schwarze Löcher. Wie sie zustande kommen, das werden wir später sehen, wenn wir die Entwicklungsgeschichte von Sternen genauer betrachten.

Die Quasare, also die Schwarzen Löcher im Zentrum junger Galaxien, ziehen gewaltige Materiemengen aus der sie umgebenden Galaxie an. Die Materie wird, bevor sie ins Schwarze Loch stürzt, auf viele Millionen Grad aufgeheizt, wobei etwa ein Zehntel der Materie in Strahlung umgewandelt wird. Der größte Teil dieser Energie wird als Röntgen- und Gammastrahlung abgegeben. Diese energiereiche Strahlung erreicht unsere Erde allerdings nur noch als schwache, langwellige Radiostrahlung, da sie auf ihrem langen Weg von vielen Milliarden Lichtjahren den Großteil ihrer Energie verloren hat.

Wie bereits gesagt: Je stärker die Energieabstrahlung eines Objekts im Kosmos ist, umso kurzlebiger ist es auch. Große Sterne leben kürzer als mittlere oder kleine. Am kurzlebigsten aber sind die Quasare mit einer Lebensspanne von höchstens einigen hunderttausend Jahren. Nach dieser Zeit haben sie alle Materie in ihrem Einflussbereich abgesaugt. Die Materie ist in jungen Galaxien zunächst reichlich in Form von Wasserstoff und Helium vorhanden. Lässt die Materiezufuhr aber nach, dann »verhungert« ein Quasar, also das

Schwarze Loch, aus dem er besteht. Damit wäre auch erklärt, wieso es in einer späteren Phase des Universums keine Quasare mehr gibt. Das heißt, es gibt sie noch immer im Zentrum der Galaxien, aber nur noch als »verhungerte« Quasare, die keine nennenswerte Strahlung mehr aussenden. Vermutlich sitzt auch im Zentrum unserer Milchstraße solch ein »verhungerter« Quasar, also ein Schwarzes Loch, dem schon vor Milliarden Jahren die »Nahrung« ausgegangen ist.

So ist auch der uns nächste aktive Quasar – er befindet sich im Sternbild Jungfrau und hat die Bezeichnung 3C273 – bereits 2,5 Milliarden Lichtjahre entfernt. Das heißt, dass spätestens zehn Milliarden Jahre nach dem Urknall das Zeitalter der Quasare zu Ende gegangen ist. Das Zeitalter der ruhigen Spiralgalaxien begann.

Ganz allgemein lässt sich sagen, dass das Universum mit zunehmendem Alter auch ruhiger geworden ist. In unserer unmittelbaren Nähe verhält sich der Kosmos ziemlich ruhig. Unsere Milchstraße, ja der ganze Galaxienhaufen, dem sie angehört, wirkt einigermaßen ordentlich und aufgeräumt. Hin und wieder explodiert mal ein alter Stern, und auch im Zentrum unserer Milchstraße kommt es gelegentlich zu kleineren Explosionen, als würde das Schwarze Loch, das dort vermutlich sitzt, vor Hunger knurren, so ähnlich wie ein leerer Magen. Freilich, das Bild vom knurrenden Magen passt nicht so ganz, denn was wir vom Zentrum der Milchstraße wahrnehmen, ist eine starke Gammastrahlung, die darauf schließen lässt, dass es dem Schwarzen Loch immer noch gelingt, Materie anzuziehen und zu verschlingen. In der Tat hat man im Kernbereich unserer Milchstraße durch Radiobeobachtung riesige, für Millionen Sonnen ausreichende Wasserstoffwolken geortet, die dem Schwarzen Loch als »Nahrung« dienen könnten. Aber auch hier ist noch vieles unerforscht, und es gibt weit mehr Vermutungen als gesicherte Erkenntnisse.

Hubble Weltraumteleskop (HST) über Indien, Februar 1997

Erde und Mond vor dem Milchstraßenhintergrund

Jupitermond Europa; Eisschollen und braunes Auswurfmaterial (Foto der GALILEO–Sonde vom 20. 2. 1997)

Saturn mit drei Monden und Mondschatten

Sternentstehung in den dunklen Staub- und Gaswolken von M16 im Sternbild Serpens

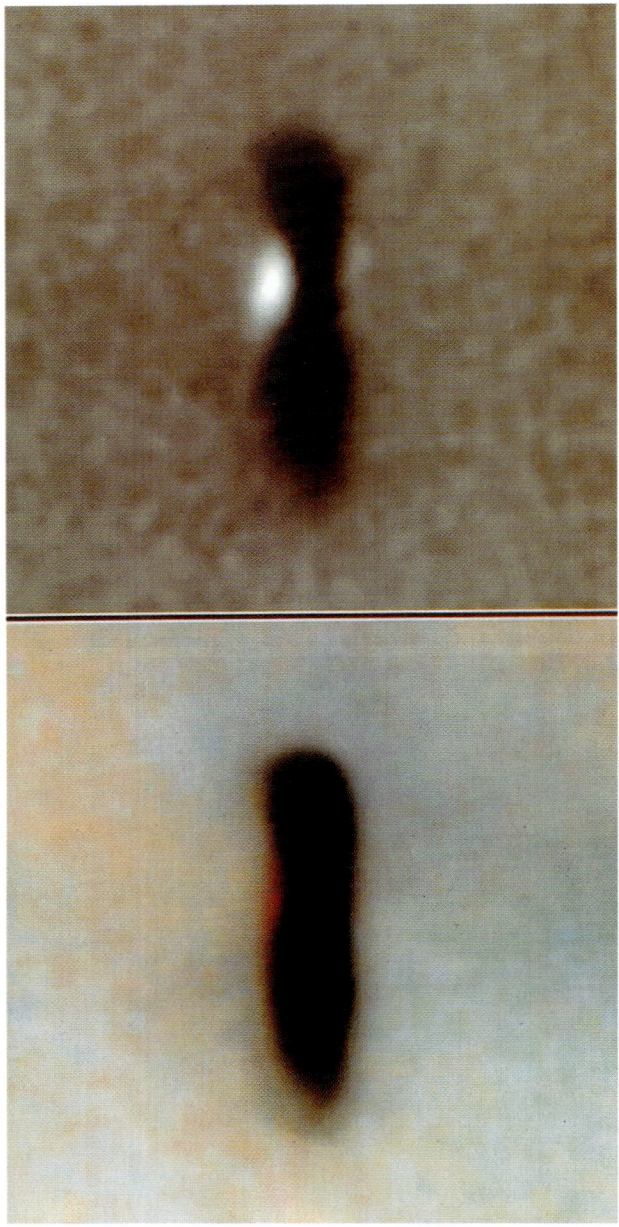

Protoplanetarische Staubscheibe um einen jungen Stern (HST-Foto)

Doppelsternsystem gelber Riesenstern/Pulsar mit Leuchtkegel des Pulsars (Illustration)

CRL2688 – Roter Riesenstern im Übergangsstadium zum Planetarischen Nebel (HST-Foto)

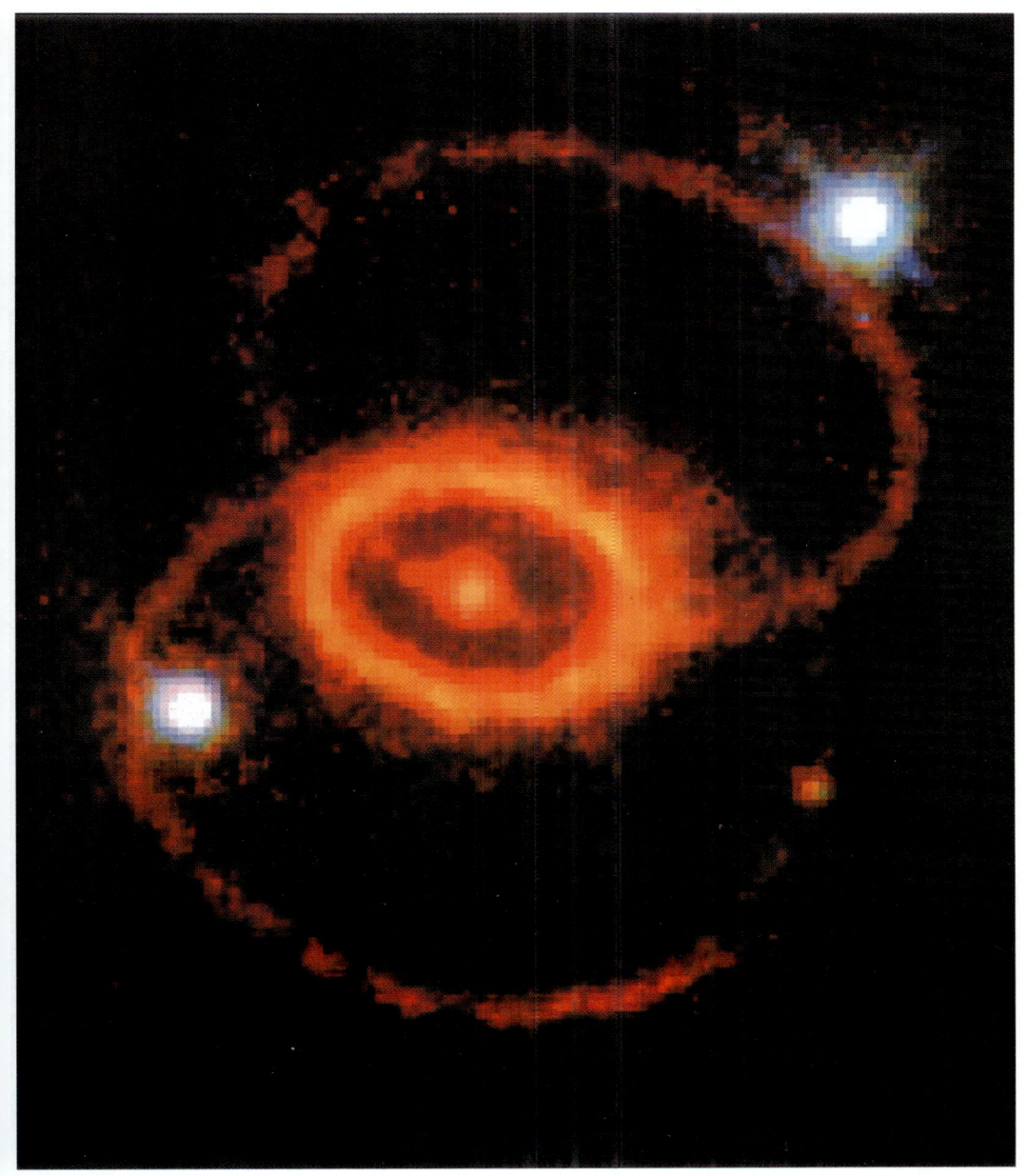

Ringstruktur um die Supernova 1987A in der großen Magellanschen Wolke (Mai 1994)

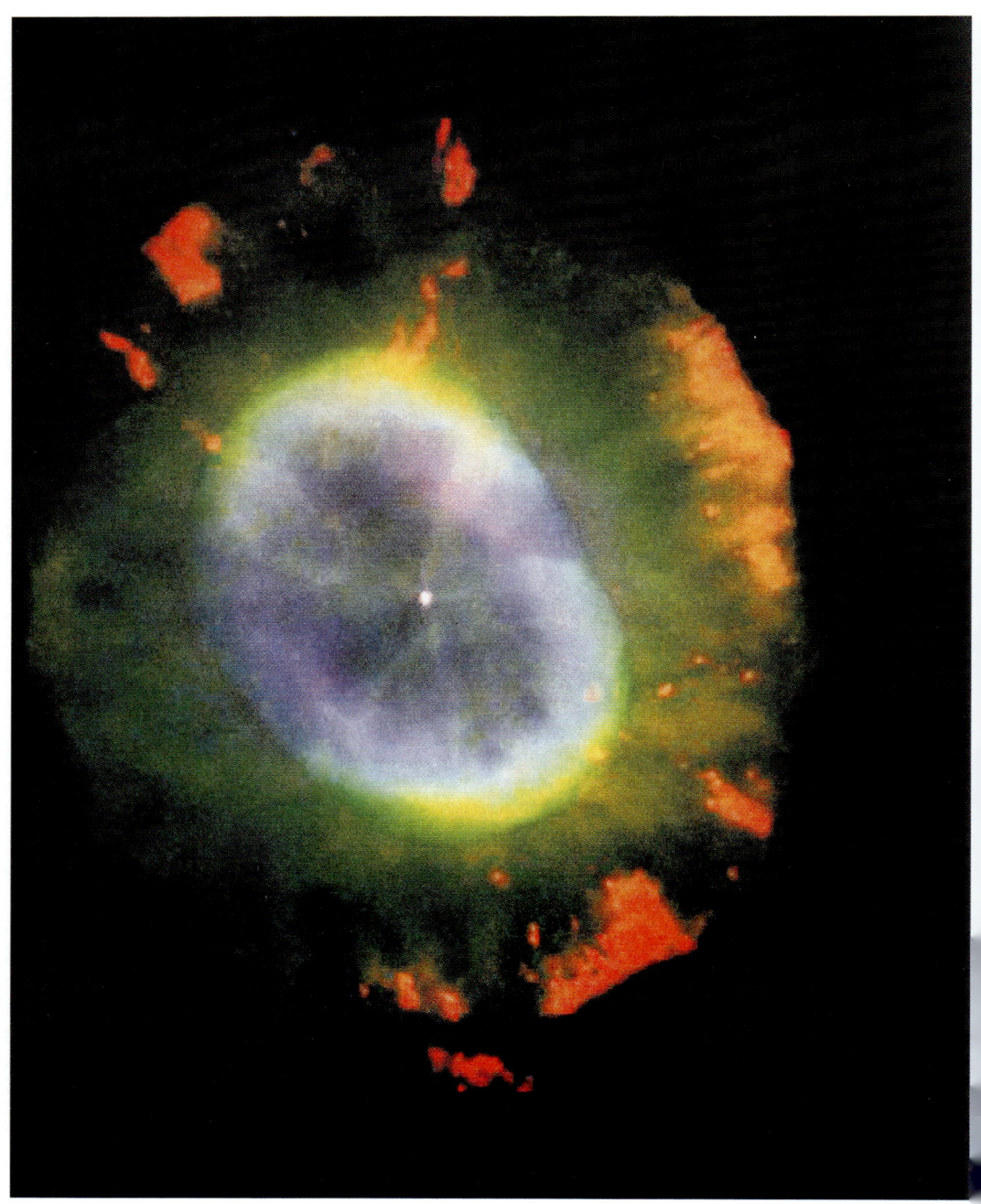

Planetarischer Nebel NGC 7662 (HST-Foto)

Schwarzes Loch mit Akkretionsscheibe, Blauer Riesenstern Cygnus X-1 (Illustration)

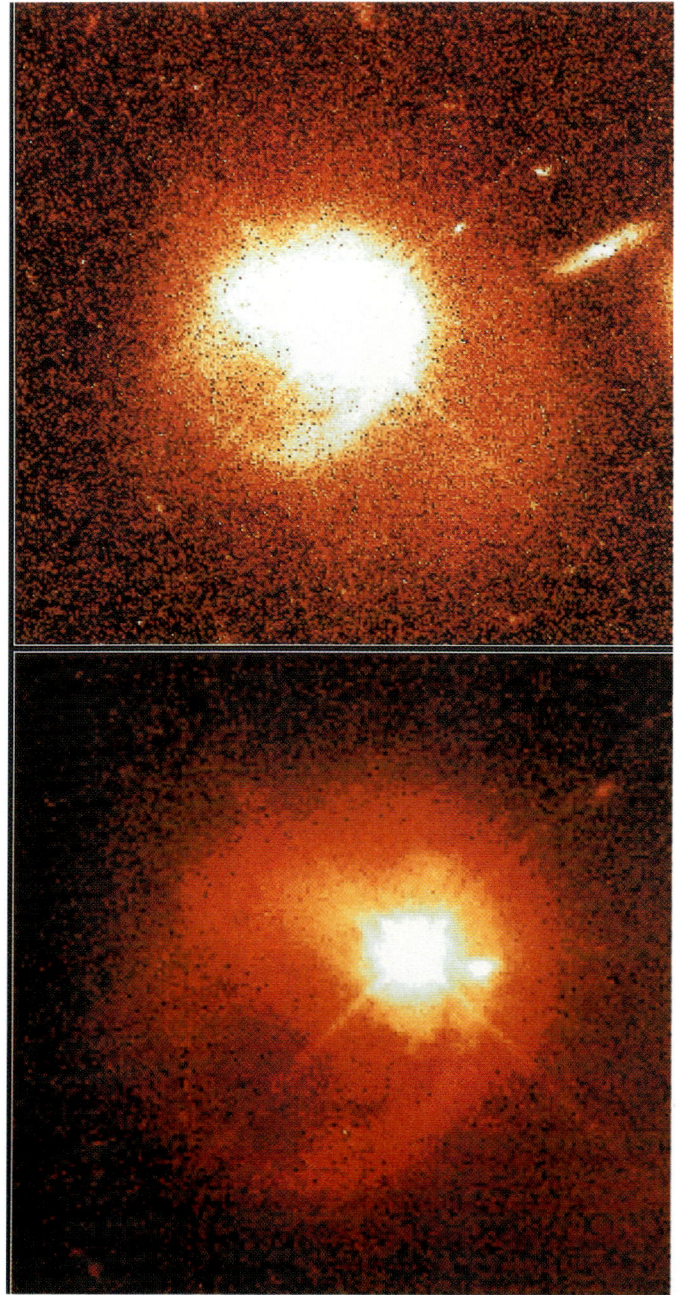

Quasar PKS 2349 mit Muttergalaxie (HST-Foto)

Zentrum der Milchstraße, Sternenhimmel

Andromedanebel M31 (mit Begleitgalaxien M32 und NGC 205)

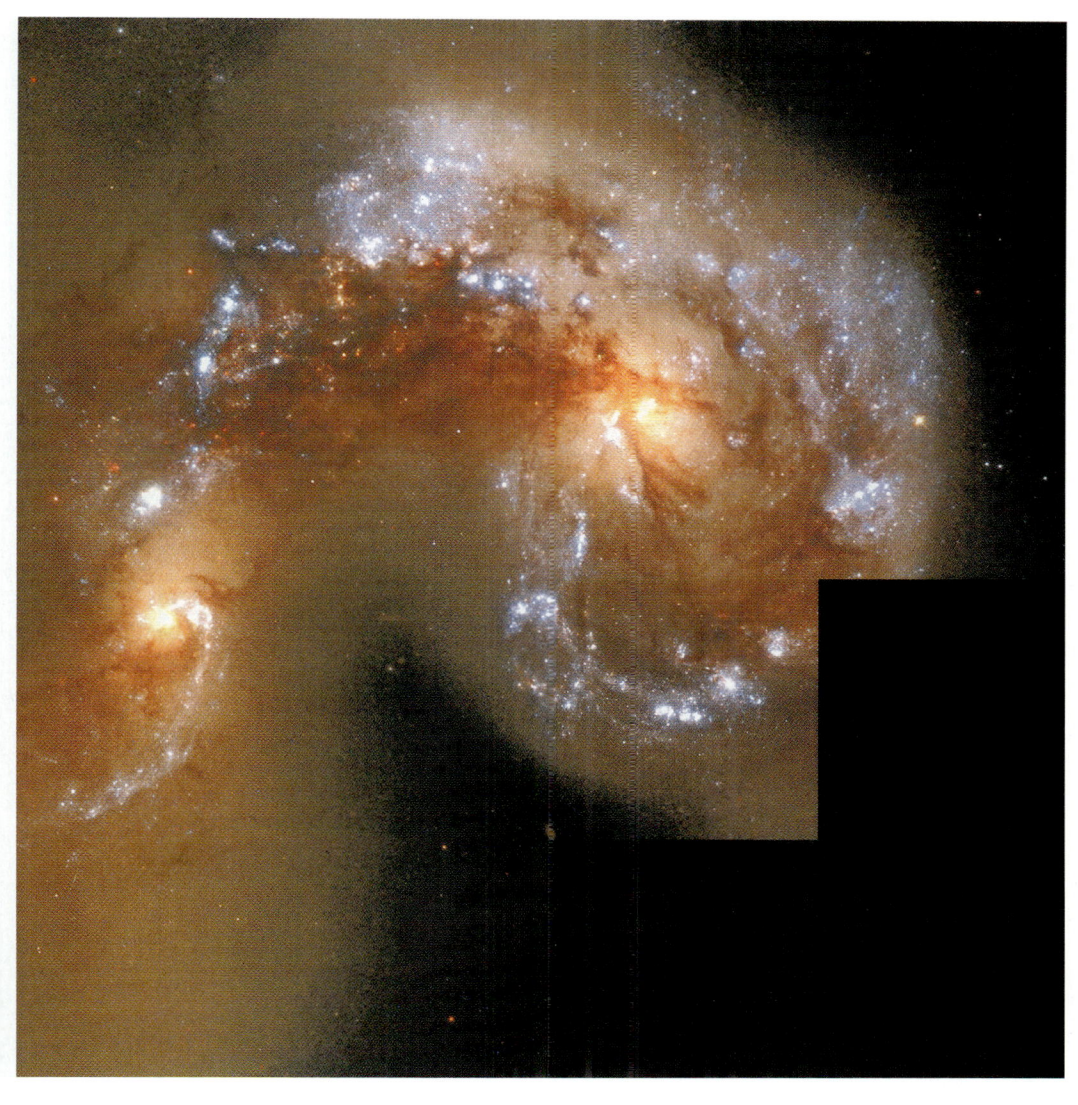

Kollidierende Galaxien NGC 4038 und NGC 4039 (Sternentstehungsgebiete blau; HST-Foto)

Der Formax-Galaxienhaufen

Die Sonne – ein gigantisches Kernkraftwerk

Aus hundert Milliarden Sternen besteht unsere Milchstraße, doch unzählige Sterne sind in den Milliarden Jahren, die die Milchstraße schon existiert, bereits erloschen. Trotzdem gibt es zwischen den Sternen immer noch riesige Mengen Wasserstoff, aus denen sich auch in Zukunft neue Sterne bilden werden. Im Kernbereich unserer Milchstraße, wo die Sterne viel dichter stehen als in den äußeren Bereichen, ist der Wasserstoffvorrat allerdings weitgehend aufgebraucht. Dort entstehen kaum noch neue Sterne. Umso erstaunlicher ist es, dass man dort doch noch größere Wasserstoffmengen entdecken konnte; sie dürfte es dort eigentlich gar nicht mehr geben. Doch bei der Beschäftigung mit dem Universum muss man sich damit abfinden, dass viele Fragen offen sind und so manche Beobachtungen einander widersprechen. Theorien und Vorstellungen, die jahrzehntelang gültig waren, werden plötzlich durch eine neue Entdeckung in Frage gestellt. Oder die neue Entdeckung kann sich morgen als fehlerhaft herausstellen.

Relativ gesichert ist hingegen unser Wissen über das Entstehen und Funktionieren von Sternen. Genaue Beobachtungen und Messungen an unserer Sonne machen es möglich, die Vorgänge im Innern eines Sterns, die man ja nicht direkt beobachten kann, mithilfe von superschnellen Computern nachzustellen.

Wir hatten schon früher festgestellt, dass im Innern der Sonne – und damit eines jeden Sterns – Wasserstoffkerne zu Heliumkernen verschmolzen werden, wobei ein Teil der Atommasse in Energie umgewandelt wird. Diese Energie gibt der Stern als Strahlung ab. Helium ist gewissermaßen die Asche, die im Sternofen zurückbleibt. Die Sonne zum Beispiel, ein Stern von mittlerer Größe, kann ihre Sternexistenz nur aufrechterhalten, weil sie in jeder Sekunde 597 Millionen Tonnen Wasserstoff zu 593 Millionen Tonnen Helium verschmilzt, wobei 4 Millionen Tonnen Kernmasse in Strahlungsenergie umgewandelt werden. Von denen trifft nur ein verschwindend kleiner Teil auf die Erde. Dieser Teil macht dort erst Leben möglich. Fast alle Energie, die die Sonne erzeugt, verliert sich nutzlos im Universum.

Nun heizt aber das »Kernkraftwerk« Sonne bereits seit fast fünf Milliarden Jahren, und obwohl es in jeder Sekunde vier Millionen Tonnen an Masse verliert, hat es in dieser unvorstellbar langen Zeit erst drei Tausendstel seiner Gesamtmasse verloren. Der Wasserstoffvorrat der Sonne ist so gewaltig, dass sie trotz der hohen Umwandlungsmenge mit dem Vorrat noch ungefähr fünf Milliarden Jahre »heizen« kann.

Man bekommt eine Ahnung, welche Unmengen von Wasserstoff kurz nach dem Urknall entstanden sind, wenn man sich klarmacht, wie viel davon allein in einem einzigen mittleren Stern zusammengeballt ist. Und nur in unserer Galaxis gibt es schon hundert Milliarden Sterne, wobei zwischen den Sternen immer auch noch gigantische Wasserstoffwolken existieren, die sich irgendwann zu Sternen verdichten werden.

Die gesamte Strahlungsenergie der Sonne entsteht in ihrem Zentrum. Allein dort wird Wasserstoff zu Helium verschmolzen – genauer: deren Atomkerne – bei Temperaturen bis zu fünfzehn Millionen Grad. An der Sonnenoberfläche herrscht hingegen nur noch eine Temperatur von knapp sechstausend Grad.

Je größer ein Stern ist, umso stärker wird sein Atomfeuer entfacht. Ein Stern mit beispielsweise fünfzehn Sonnenmassen leuchtet aber nicht nur fünfzehnmal, sondern gleich zehntausendmal heller als die Sonne. Die Umwandlung von Masse in Energie vollzieht sich also in einem solchen Riesenstern etwa sechshundertsiebzigmal schneller als bei unserer Sonne. Als Folge davon wird ein solcher Riesenstern auch sechshundertsiebzigmal schneller seinen Wasserstoffvorrat aufgebraucht haben. Massereiche Sterne haben deshalb eine bedeutend kürzere Lebenserwartung als die massearmen Sterne.

Im Lauf der Zeit sammelt sich die bei der Verbrennung von Wasserstoff entstandene »Heliumasche« im Zentrum eines Sterns an. Dadurch verlagert sich die Wasserstoffbrennzone mehr und mehr nach außen. Das innere Gleichgewicht des Sterns kommt zunehmend durcheinander. Je mehr Helium sich im Zentrum eines Sterns ansammelt, umso stärker wird dort natürlich der Druck, der durch die Schwerkraft dieser Heliummassen entsteht. Der Stern zieht sich zusammen. Mit dem steigenden Druck nehmen Dichte und Temperatur im Heliumzentrum des Sterns immer mehr zu. Schließlich kann die Temperatur dort auf über einhundert Millionen Grad ansteigen. Bei diesen Temperaturen fängt nun auch das Helium zu »brennen« an: Jeweils drei Heliumkerne verschmelzen zu einem Kohlenstoffkern. Von da an verfügt der Stern über zwei »Brennöfen«: im Zentrum der Helium-Brennofen, daran anschließend die Zone des Wasserstoffbrennens, die sich immer weiter in Richtung Sternoberfläche bewegt. Dadurch aber werden die äußeren Gasschichten des Sterns immer noch weiter nach außen gedrängt. Der durch das Heliumbrennen freigesetzte Energieausstoß bläht den Stern mächtig auf. Das Aufblähen hält so lange an, bis sich ein neuer Gleichgewichtszustand eingestellt hat.

In dem Maße, wie die Oberfläche des sich aufblähenden Sterns zunimmt, geht die Oberflächentemperatur zurück; das abgestrahlte Licht des aufgeblähten Sterns wird energieärmer, es färbt sich rot. Aus einem gewöhnlichen, weißlich strahlenden Stern ist ein so genannter Roter Riese geworden. Der Stern hat dabei zwar enorm an Größe gewonnen − und damit ist auch seine Gesamtenergieproduktion gewachsen −, doch seine Leuchtkraft hat beim Größerwerden stetig abgenommen. An seiner Oberfläche hat ein solcher Roter Riese nur noch eine Temperatur von ein paar tausend Grad. In seinem Zentrum aber, wo die »Heliumasche« zu »Kohlenstoffasche« verbrannt wird, herrschen Temperaturen von über hundert Millionen Grad.

Auch unsere Sonne wird in etwa 3,5 Milliarden Jahren dieses Schicksal ereilen; auch sie wird sich zu einem Roten Riesen aufblähen. Ihr Durchmesser wird dann um das Vierhundertfache anwachsen. Ihre Größe wird damit weit über die Umlaufbahn des Planeten Merkur hinausreichen. Auf der Erde wird diese aufgeblähte Riesensonne die Temperaturen immer weiter ansteigen lassen, bis schließlich alles Leben zu Grunde gegangen ist. Als glühend heiße Steinwüste wird die Erde noch einige Millionen Jahre die Riesensonne umkreisen.

Die Zentraltemperaturen in Roten Riesen können schließlich auf rund eine Milliarde Grad ansteigen. Bei diesen Temperaturen können durch Kernverschmelzung schwere Elemente bis hin zum Eisen aufgebaut werden. Die Kohlenstoffkerne, die beim Verschmelzen von Heliumkernen entstanden sind, verschmelzen ihrerseits wieder zu Stickstoffkernen, diese später zu Sauerstoffkernen, Neonkernen, Magnesiumkernen, bis hin zu Eisenkernen. Dazu sind aber nur große Sterne mit mehr als sechs Sonnenmassen in der Lage. Wenn Eisenatomkerne im Zentrum eines Roten Riesen entstehen, trägt dieser Stern fast alle chemischen Elemente in sich, aus denen organisches Leben besteht. Auch sämtliche Atome, aus denen sich unsere Körper zusammensetzen, sind vor Milliarden Jahren im Innern von Sternen gebildet worden. Damit Leben im Universum überhaupt entstehen konnte, war eine erste Sterngeneration nötig, die in ihrer letzten Entwicklungsphase die chemischen Elemente bis hin zum Eisen aufgebaut hat.

Die Roten Riesen behalten nämlich die chemischen Elemente, die sie in ihrem Innern erzeugen, nicht vollständig bei sich, sondern blasen einen erheblichen Teil davon als so genannten Sternenwind ins Weltall ab. So werden die kosmischen Gaswolken, aus denen irgendwann neue Sterne und Planeten entstehen können, mit schweren Elementen angereichert.

Hat ein Roter Riese einen Eisenkern in seinem Zentrum ausgebildet, so ist damit auch sein Ende nicht mehr weit. Denn das Eisen kann nicht mehr weiter als Kernbrennstoff verwendet werden. Im Gegensatz zu den vorausgehenden Elementen wird bei der Bildung von Eisenkernen keine Energie mehr frei. Deshalb kommen Eisenkerne als Brennstoff nicht in Frage. Alle schwereren Elemente als Eisen entstehen auf anderem Weg (s. S. 107).

Auch Sterne müssen sterben

Jedem Roten Riesen geht also irgendwann der Brennstoff aus, mag er sich noch so sehr aufblähen. Sein Aufblähen ist ja gerade das Zeichen seines baldigen Endes. Wenn im Innern über das Eisen hinaus keine Kernverschmelzungen mehr möglich sind, nimmt dort der Strahlungsdruck nach und nach ab. Damit aber tritt die Schwerkraft der Materie erneut auf den Plan; sie gewinnt wieder die Oberhand. Wenn der nach außen gerichtete Strahlungsdruck nachlässt, fällt der Rote Riese unter dem Gewicht seiner eigenen Masse in sich zusammen. Aber auch dieses Zusammenfallen eines Sterns kann auf unterschiedliche Weise erfolgen, je nachdem, wie groß seine ursprüngliche Masse gewesen ist.

Sterne bis zur eineinhalbfachen Größe unserer Sonne erleben einen relativ sanften »Tod«. Computerberechnungen zufolge wird unsere Sonne in einer fernen Zukunft, nachdem sie sich zu einem Roten Riesen aufgebläht hat, zu einem winzigen Sternrest von der Größe der Erde zusammenstürzen. Die Bewegungsenergie der zusammenstürzenden Materie wird in Hitze umgewandelt, sodass der kleine Reststern in grellweißem Licht erstrahlt. Man spricht deshalb von einem Weißen Zwerg. Seine Oberflächentemperatur wird etwa zehntausend Grad betragen, also das Doppelte unserer jetzigen Sonne. Seine Strahlung entsteht aber nicht mehr durch Kernverschmelzung im Innern des Weißen Zwergs, sondern allein durch den extrem hohen Druck in der zusammengepressten Materie, durch den sie aufgeheizt wird. Die Materiedichte in solch einem zusammengepressten Sternrest ist extrem hoch: Ein Teelöffel Materie eines Weißen Zwergs wiegt etwa eine Tonne!

Es dauert etwa zehn Milliarden Jahre, ehe ein Weißer Zwerg so weit ausgekühlt ist, dass er sich schließlich zu einem nicht mehr leuchtenden Schwarzen Zwerg verwandelt. Seine Oberflächentemperatur ist dann unter zweitausend Grad gesunken. Vorher hat er noch dunkelrot geleuchtet. Bei zweitausend Grad gibt er nur noch infrarote Strahlung ab; er ist also nicht mehr zu sehen. Als Schwarzer Zwerg wird er bis in endlose Zeiten durch die Galaxie treiben.

Man hat inzwischen rund achthundert Weiße Zwerge geortet — alle in Entfernungen unter dreihundert Lichtjahren. Wegen ihrer geringen Leuchtkraft sind sie schwer aufzuspüren. Man geht davon aus, dass etwa zehn Prozent der Sterne unserer Milchstraße Weiße Zwerge sind. Zu sehen bekommen wir sie freilich nicht. Auch mit besten Teleskopen sind sie jenseits der Dreihundert-Lichtjahre-Grenze nicht mehr aufzuspüren.

Was aber geschieht, wenn Sterne, die um ein Vielfaches größer sind als unsere Sonne, keinen Brennstoff mehr haben? Auch sie blähen sich zu einem Roten Riesen auf. Doch wenn die Phase des Schrumpfens einsetzt, bekommen diese größeren Sterne Probleme. Liegt die Sternmasse über der kritischen Grenze von eineinhalb

Sonnenmassen, so stößt der zusammenstürzende Stern in einer gewaltigen Explosion einen Großteil seiner Masse ab. Denn beim Zusammenbruch des Roten Riesen steigt die Temperatur im Kernbereich noch einmal so stark an, dass der gesamte dort noch verbliebene »Brennstoffrest« auf einmal aufgezehrt wird. Man spricht von einer Supernova-Explosion. Die äußeren Schichten des Sterns, dort wo noch viel unverbrauchter Wasserstoff enthalten ist, werden zusammen mit den verschiedensten im Stern entstandenen Elementen in den Weltraum weggeschleudert, und zwar mit hoher Geschwindigkeit und unter Freisetzung gewaltiger Energien. Dabei entsteht kurzzeitig eine Leuchtkraft, die der von Milliarden Sonnen entspricht. Ein Lichtfleck erscheint am Himmel, der fast so hell leuchtet wie eine ganze Galaxie.

Der Vorgang einer Supernova-Explosion, der mit superschnellen Rechnern nachgestellt werden kann, ist im Einzelnen aber viel komplizierter, als wir ihn hier beschrieben haben. Es findet eine Art Kampf zwischen den nach außen drängenden und den von außen nach innen stürzenden Materiemassen statt. Erst dann kommt es zu einer letzten gewaltigen Explosion, die die äußeren Schichten des Sterns endgültig auseinander treibt, während die inneren endgültig zusammenstürzen.

Bei dieser Explosion entstehen so hohe Energien, dass Kernverschmelzungen stattfinden, bei denen all jene Elemente entstehen, die schwerer sind als Eisen, also etwa Silber, Gold, Blei und Uran. Somit sind alle im Universum vorkommenden Elemente in massereichen Sternen entstanden, genauer: bei deren Untergang. Ohne den Tod der Sterne gäbe es keine Elemente, von Wasserstoff und Helium einmal abgesehen.

Die Restmasse eines Sterns, die bei einer Supernova-Explosion nicht in den Weltraum geschleudert wird, ist aber immer noch so groß, dass sie beim Zusammenstürzen wesentlich dichter zusammengepresst wird, als dies bei einem Weißen Zwerg der Fall ist. Die Materie eines Weißen Zwergs besteht ja immer noch aus Atomen. Zwar werden diese extrem dicht aneinander gepresst, aber die Elektronen in den Atomen können dem Druck noch standhalten. Nach einer Supernova-Explosion jedoch ist die Restmasse des Sterns noch so groß, dass die Elektronen dem Gravitationsdruck nicht mehr standhalten. Sie werden in die Atomkerne hineingequetscht, wo sie mit den Protonen verschmelzen und Neutronen bilden. Die derart zusammengepresste Materie besteht also nur noch aus einem einzigen Klumpen Neutronenbrei, man könnte auch sagen: aus einem überdimensionalen Atomkern, der sich aus Neutronen zusammensetzt. Er hat einen Durchmesser von zehn bis dreißig Kilometern. Man bezeichnet solche Objekte als Neutronensterne. Ihre Materiedichte ist um vieles größer als bei den Weißen Zwergen; sie entspricht der Dichte eines Atomkerns. Ein Teelöffel Neutronenbrei würde auf der Erde mehrere Millionen Tonnen wiegen!

Neutronensterne – die genauesten Uhren im Kosmos

Supernova-Explosionen kommen relativ selten vor: pro Galaxie etwa einmal in hundert Jahren. Die früheste von Menschen beobachtete Supernova, von der wir wissen, passierte am 4. Juli 1054. Chinesische Astronomen hatten sie als einen plötzlich aufleuchtenden Gaststern im Sternbild Stier beobachtet. Er leuchtete so stark, dass er über Wochen hinweg sogar am Tag zu sehen war. An der entsprechenden Stelle am Himmel erkennt man heute einen Nebelfleck, den so genannten Crab- oder Krebs-Nebel, der sich immer noch mit rund tausend Kilometern pro Sekunde ausdehnt. Er ist gewissermaßen die Staubwolke, die von der Sternexplosion übrig geblieben ist. Tatsächlich spürte man 1968 im Zentrum des Krebs-Nebels einen Neutronenstern auf, wie er von der Theorie vorausgesagt wurde. Allerdings war er nicht der Erste. Ein Jahr zuvor entdeckte man ein Objekt, das dadurch auffiel, dass es im regelmäßigen Abstand von 1,337011 Sekunden Radiosignale aussandte. Zuerst hielt man diese Radioimpulse für Signale von Außerirdischen. Das stellte sich jedoch sehr schnell als falsch heraus. Es handelte sich um einen schnell rotierenden Neutronenstern. Der Signalabstand entsprach seiner Drehgeschwindigkeit. Der Neutronenstern dreht sich demnach in 1,337011 Sekunden einmal um sich selbst. Noch schneller dreht sich der Neutronenstern im Krebs-Nebel, nämlich circa dreißigmal pro Sekunde.

Mittlerweile kennen die Astronomen sogar einen Neutronenstern, der sich in 1,6 Millisekunden einmal um seine Achse dreht. Er eignete sich bestens als kosmische Uhr, wobei er die Genauigkeit von Atomuhren noch überträfe.

Je heftiger der Zusammenbruch eines massereichen Sterns abläuft, umso größer ist auch der Drehimpuls, der dem entstehenden Neutronenstern mitgegeben wird. Wegen dieser pulsierenden Signale nennt man Neutronensterne auch Pulsare. Die Signale werden durch ein extrem starkes Magnetfeld verursacht, das den Neutronenstern umgibt. Magnetfelder entstehen grundsätzlich überall dort, wo elektrische Ladungen bewegt werden. Je stärker die Bewegung, umso stärker wird das Magnetfeld. Gewöhnliche Sterne rotieren relativ langsam um sich selbst, deshalb ist auch das Magnetfeld, das sie umgibt, sehr schwach. Beim Zusammenbruch eines Sterns und der Verdichtung seiner Materie wird zugleich das vorhandene Magnetfeld verdichtet.

Durch dieses Magnetfeld werden Elektronen und Protonen aus der umgebenden, den Neutronenstern einhüllenden Nebelmaterie so stark beschleunigt, dass sie elektromagnetische Strahlung abgeben. Die kann den Neutronenstern nur in zwei dünnen Bündeln an den beiden Polen des Magnetfelds verlassen. Da das Magnetfeld aber genauso schnell rotiert wie der Neutronenstern, rotieren auch die Strahlenbündel – ähnlich wie die Lichtkegel eines Leuchtturms. Wenn jeweils eines der Strahlungsbündel über die Erde streift, kann dort der Impuls mit entsprechenden Teleskopen empfangen werden.

Am 23. Februar 1987 wurde außerhalb unserer Galaxis – nämlich in der Großen Magellanschen Wolke, die einhundertfünfzigtausend Lichtjahre entfernt ist – eine Supernova beobachtet. Zum ersten Mal konnte dabei der Untergang eines Sterns mit modernsten Beobachtungsgeräten untersucht werden. Die Modelle, die man bis dahin mithilfe von Hochleistungscomputern erstellt hatte, wurden durch die Beobachtungen glänzend bestätigt. Zwar konnte an der Stelle der Explosion bislang ein Pulsar noch nicht entdeckt werden, doch liegt es wohl nur daran, dass die dichten Staubwolken den Blick auf ihn noch behindern. Auch mit dem Hubble-Weltraumteleskop wurde der Ort der Supernova von 1987 genau untersucht. Aber selbst so konnte kein Pulsar, das heißt keine pulsierende Radiostrah-

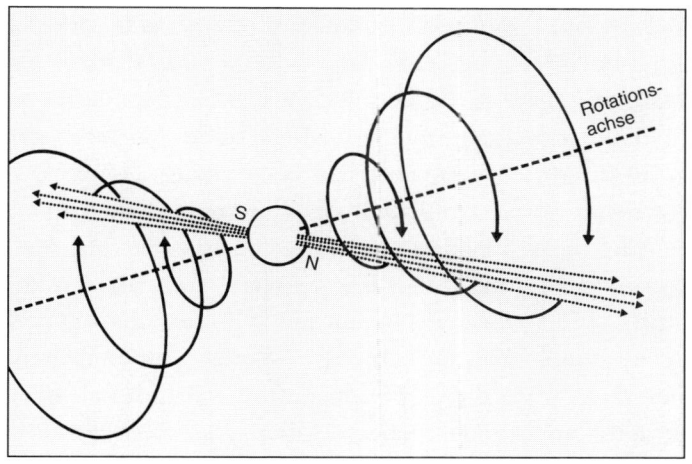

Pulsarstrahlung eines rotierenden Neutronensterns. Die Synchron-
strahlung energiereicher Teilchen geht eng gebündelt von den
magnetischen Polen aus und überstreicht den Mantel eines Kegels
um die Rotationsachse.

lung, festgestellt werden, dafür aber drei Ringe, die die Supernova-
wolke umgeben. Die beiden größeren Ringe schweben, von der
Erde aus gesehen, vor und hinter dem vermeintlichen, noch nicht
gefundenen Neutronenstern im Weltraum. Die Wissenschaftler sehen in den beiden Ringen die mögliche Spur eines Teilchenstrahls,
der die Kreise – ähnlich wie ein Leuchtturmscheinwerfer – ins All
»gemalt« hat. Verursacher dieses Strahls dürfte wahrscheinlich ein
Neutronenstern sein, der sich genau zwischen den beiden Ringen
befindet. Was der dritte, kleinere Ring zu bedeuten hat, ist vorerst
noch unklar.

Die jüngste Entdeckung einer Supernova datiert vom 28. März
1993. Sie geschah in der zehn Millionen Lichtjahre entfernten Spiralgalaxie M81, die im Sternbild Großer Wagen zu finden ist. Auf
älteren Aufnahmen dieser Galaxie konnten Astronomen exakt an
der Stelle der Supernova einen Roten Riesen ausfindig machen. Er
dürfte also höchstwahrscheinlich der explodierte Stern sein.

Da Supernova-Explosionen ziemlich seltene Ereignisse darstellen, sind die Astronomen natürlich sehr froh, die beiden von 1987

und 1993 als Studienobjekte zu haben. Die weitere Beobachtung wird sicher noch viele neue Erkenntnisse über Neutronensterne und ihre Entstehung liefern. Noch lieber wäre den Astronomen natürlich eine Supernova in der eigenen Milchstraße – wenn es geht, nur ein paar hundert Lichtjahre entfernt. Das Schauspiel einer so nahen Supernova wäre geradezu spektakulär. Einen möglichen Kandidaten für eine Supernova-Erscheinung direkt vor unserer Haustür sehen die Astronomen in dem Roten Riesenstern Beteigeuze im Sternbild Orion. Es handelt sich bei ihm um einen »überreifen« Riesenstern mit etwa zwanzigfacher Sonnenmasse. Würde er in einer Supernova explodieren, so wäre dieses Ereignis am Nachthimmel so hell wie der Vollmond, allerdings nicht scheiben-, sondern punktförmig. Der Lichtpunkt wäre auch am Tag zu sehen. Möglicherweise ist Beteigeuze schon explodiert, aber wir wissen es noch nicht, denn das Licht der Explosion bräuchte über fünfhundert Jahre, bis es bei uns einträfe.

So selten diese Ereignisse auch sind, in der unvorstellbar langen Zeit, die unsere Milchstraße schon existiert, dürfte es in ihr mittlerweile bereits etwa fünfhunderttausend Pulsare geben. Wesentlich höher ist jedoch die Zahl der erloschenen Pulsare. Die Milchstraße beherbergt vermutlich rund eine Milliarde von ihnen. Denn auch Pulsare pulsieren nicht ewig. Nach rund zehn Milliarden Jahren sind die Energiereserven, die seit dem Sternzusammenbruch in ihnen gespeichert sind, erschöpft. Die Pulsare drehen sich immer langsamer, bis sie schließlich so langsam sind, dass ihre ausgesandte Strahlung zu schwach ist, um noch beobachtet werden zu können. Der tote Stern taucht endgültig in der Schwärze des Weltalls unter.

Es ist aber auch noch ein anderes Ende von Neutronensternen möglich. Allerdings nur, wenn sie aus Doppelsternsystemen hervorgegangen sind, also aus zwei Sternen, die einander umkreisen. Da ein Doppelstern in den seltensten Fällen aus zwei gleich großen Sternen besteht, werden die Entwicklungsgeschichten beider Sterne auch unterschiedlich ablaufen. Der größere der beiden Sterne wird schneller in einer Supernova enden als der kleinere, weil er seinen Brennstoffvorrat rascher aufgezehrt hat. Möglich ist auch, dass nur einer zu einem Neutronenstern wird und der andere, wesentlich kleinere Stern, später zu einem Weißen Zwerg. Möglich ist ferner, dass über längere Zeit ein kleiner Stern und ein Neutronenstern einander umrunden. Solange zwei Sterne einander umkreisen und ihre Massen sich dabei kaum verändern, ist das Doppelsternsystem stabil. Es muß aber notgedrungen instabil werden, wenn die Sterne zu ihrem Ende kommen, sich aufblähen und explodieren, dabei an Masse verlieren und zusammenstürzen. Es kann dann vorkommen, dass bei zwei übrig gebliebenen Neutronensternen der massereichere den masseärmeren langsam zu sich heranzieht, bis sie zusammenstoßen und miteinander verschmelzen. Kurz vor dem Zusammenstoß können sie einander bis zu tausendmal in der Sekunde umrunden. Sobald sich die beiden Neutronensterne berühren, verschlingt der schwerere von beiden den leichteren. Der plötzliche Massenzuwachs führt dazu, dass der übrig gebliebene Neutronenstern sofort in sich zusammenstürzt – unter Freisetzung eines gigantischen, rund zwanzig Milliarden Grad heißen Feuerballs, den wir auf der Erde unter Umständen als Gammablitz registrieren können.

Schon seit Jahrzehnten beobachten Astronomen immer wieder im Weltall aufflackernde Gammablitze, deren Entstehung bis in die jüngste Zeit ein Rätsel war. Es wurden Hunderte von Theorien entwickelt, um diese plötzlichen Gammastrahlenausbrüche zu erklären, doch keine von ihnen konnte wirklich überzeugen. Ohne erkennbaren Grund und ohne Regel leuchteten die Gammablitze mal hier, mal dort am Himmel auf, für Sekunden nur, ohne eine bleibende Spur zu hinterlassen. Doch am 28. Februar 1997 gelang es einem Forscherteam zum ersten Mal, die Ursache eines solchen flüchtigen Gammablitzes herauszufinden. Nach vier Tagen Dauerbeobachtung der Stelle, an der ein starker Gammablitz aufgeleuchtet war, fand man im sichtbaren Wellenlängenbereich einen allmählich verblassenden Lichtfleck, eine Art Nachglühen des inzwischen erloschenen Gammablitzes. Die Messungen ergaben, dass dieses Restlicht aus einer kleinen Galaxie stammt, die rund eine Milliarde Lichtjahre von der Erde entfernt ist.

Wenn uns die gemessene Strahlungsmenge aus einer derart großen Entfernung erreicht, dann müssen dort ganze Sterne buchstäblich pulverisiert worden sein. Das war die logische Schlussfolgerung. Nach den Berechnungen der Astrophysiker setzte die Strahlungsquelle in wenigen Sekunden so viel Energie frei wie unsere Sonne in ihrem ganzen bisherigen, Milliarden Jahre währenden Dasein. Alles spricht dafür, dass diese innerhalb von Sekunden stattfindende gewaltige Freisetzung von Energie durch die Verschmelzung zweier Neutronensterne verursacht wird, die aus einem Doppelsternsystem hervorgegangen sind.

Auch in unserer Galaxis dürfte es schätzungsweise dreißigtausend solcher Neutronenstern-Zwillinge geben. Etwa alle dreihunderttausend Jahre verschmilzt ein solches Zwillingspaar in unserer Milchstraße. Wäre dieses Ereignis weniger als dreitausend Lichtjahre von der Erde entfernt, so würde die freigesetzte Gammastrahlung die schützende Erdatmosphäre durchdringen und alles Leben auf unserem Planeten vernichten.

Das Geheimnis der Schwarzen Löcher

Wir haben gesehen, dass Sterne mit bis zu eineinhalb Sonnenmassen als Weiße Zwerge enden. Sterne, die zwischen eineinhalb und fünf Sonnenmassen besitzen, enden als pulsierende Neutronensterne. Was, so fragten sich natürlich die Astrophysiker, geschieht aber mit Riesensternen, die mehr als fünf Sonnenmassen in sich vereinen? Beim Weißen Zwerg konnten die Elektronen in den Atomen dem Gravitationsdruck der zusammenstürzenden Sternenmasse noch widerstehen. Beim Neutronenstern waren es die zusammengepressten Neutronen, die einen weiteren Zusammenbruch der Materiemassen verhinderten und einen Riesenatomkern von zehn bis zwanzig Kilometer Durchmesser aufrechterhielten. Aber was, wenn bei noch größeren Massen auch die Neutronen dem Druck der Materie nicht mehr standhalten können? Was, wenn im Sog der Gravitationskraft auch noch diese stabile Neutronenmaterie zertrümmert würde?

Man schauderte zuerst einmal vor der logisch konsequenten Antwort auf diese Frage: Es gäbe nichts mehr, was der Massenanziehungskraft noch entgegenwirken könnte. Der Stern würde zu einem »Materiepunkt« der Größe null, aber mit unendlich hoher Dichte, zusammenstürzen. Selbst die Starke Kernkraft, die im Neutronenstern dem Druck der Materiemassen noch entgegenwirken kann und damit seine Stabilität aufrechterhält, würde jetzt unterliegen.

Wie beim Urknall, so hätte man es auch hier mit einer so genannten Singularität zu tun, einem Punkt in der Raumzeit, der mathematisch nicht beschrieben werden kann, weil unendliche Größen darin vorkommen. Einen Namen hat dieses gestaltlose, aus der Theorie abgeleitete Objekt aber trotzdem: Schwarzes Loch. Gesehen hat es noch keiner, und es wird auch in Zukunft niemals direkt zu beobachten sein – weil man es gar nicht sehen kann. Weder Materie noch Strahlung können einem Schwarzen Loch entkommen, so stark ist die Massenanziehungskraft, die diesen unendlich dichten Materiepunkt umgibt. Sehen aber kann man immer nur etwas, das Licht aussendet. Die Strahlung, die im Innern eines Schwarzen Lochs entsteht, kann es nicht verlassen. Denn auch die elektromagnetische Strahlung unterliegt der Massenanziehungskraft. Im Innern eines Schwarzen Lochs aber ist die Massenanziehungskraft so gewaltig, dass die Energie des Lichts zu gering ist, um gegen sie anzukommen.

Auch wenn man ein Schwarzes Loch nicht sehen kann, so kann man zumindest sehr genau berechnen, wie groß es bei einer bestimmten, in seinem Innern konzentrierten Masse sein müsste. Geht man zum Beispiel davon aus, dass im Zentrum eines Schwarzen Lochs die Masse unserer Sonne punktförmig konzentriert wäre, würde sein Durchmesser etwa sechs Kilometer betragen. In dem Moment, wenn ein sichtbarer Körper in den sechs Kilometer großen »Bannkreis« des Schwarzen Lochs geriete, könnte kein Licht mehr von ihm entweichen. Die Lichtwellen, die von dem Körper ausgingen, würden sofort ins Innere des Schwarzen Lochs gerissen. Der Körper würde im Augenblick des Eintritts in den »Bannkreis« eines Schwarzen Lochs unsichtbar werden. Die Energie, mit der die Lichtwellen von dem Körper entweichen, wäre zu gering gegenüber der Kraft, mit der sie vom Schwerefeld des Schwarzen Lochs angezogen würden. Das Licht eines sichtbaren Objekts, das sich diesem »Bannkreis« näherte, würde immer rötlicher werden und schließlich verlöschen. Die Wellenlänge des Lichts würde gegen unendlich gehen. Gleichzeitig würde auch die Zeit für dieses Objekt stillstehen, freilich nur relativ zu einem entfernten Beobachter.

Die Astronomen nennen den »Bannkreis« eines Schwarzen Lochs Ereignishorizont. Er umgibt das Zentrum des Schwarzen Lochs als eine Art undurchdringlichen Schleier, der jeden Blick ins Innere verhindert. Am Ereignishorizont eines Schwarzen Lochs wird die Raumzeitkrümmung unendlich groß; damit aber geht die Zeit gegen null. Im Einflussbereich eines Schwarzen Lochs hört die Zeit auf und damit auch die Herrschaft der physikalischen Gesetze, die im Universum gültig sind.

Falls es einen Weltschöpfer gibt, so scheint er großen Wert darauf zu legen, dass Schwarze Löcher unergründlich bleiben. Womöglich wären sie die Eintrittstore zu den letzten und tiefsten Geheimnissen des Universums. Wenn man wollte, könnte man ein Schwarzes Loch auch als einen umgekehrten kleinen Urknall bezeichnen, denn auch im Urknall hat man es mit unendlich dichter, in einem Punkt konzentrierter Materie zu tun. Vielleicht wäre über den Einblick in ein Schwarzes Loch auch das Rätsel des Urknalls zu lüften. Und daran kann Gott nun wahrlich kein Interesse haben, denn die Erklärung des Urknalls käme der Erklärung Gottes gleich.

Der berühmte englische Astrophysiker Stephen Hawking meinte, dass Gott eine »nackte Singularität« verabscheue und sie deshalb vor den Blicken des Menschen verberge. Doch was Gott verabscheut, das macht die Astronomen gerade neugierig. Denn, so meint Hawking, »Gott würfelt im Innern der Schwarzen Löcher«, womit er wohl ausdrücken will, dass dort die Spielregeln für den Ursprung und das Funktionieren des Kosmos zu finden wären.

Die Gefräßigkeit der Schwarzen Löcher verrät ihre Existenz

Natürlich wollen sich die Astronomen nicht damit abfinden, dass man Schwarze Löcher nicht direkt beobachten kann. Vielleicht wäre es ja möglich, indirekte Hinweise auf ihre Existenz zu bekommen. Auch im Bereich der Elementarteilchen ist es ja so, dass man sie nicht direkt anschauen kann; man kann sie jedoch über ihre Wirkungen sehr genau beschreiben und damit ihre Existenz beweisen. Der indirekte Beweis ist in der Physik so wertvoll wie der direkte.

Hinweise auf die tatsächliche Existenz von Schwarzen Löchern könnte es womöglich dann geben, wenn kosmische Materie in Form von Gas- oder Staubwolken in den Anziehungsbereich eines Schwarzen Lochs geriete. In diesem Fall würde die Materie nach den herrschenden Gesetzen der Physik in einer immer schneller werdenden, spiralförmigen Kreiselbewegung – wie Wasser, das in einen Abfluss läuft – vom Schwarzen Loch angesaugt werden. Dabei würde sich die Materie verdichten, auf mehrere Millionen Grad erhitzen und noch vor Erreichen des Ereignishorizonts Röntgenstrahlen aussenden. Ein solcher Vorgang müsste notgedrungen dann eintreten, wenn in einem Doppelsternsystem einer der beiden Partner zu einem Schwarzen Loch zusammenstürzt, der andere sich aber noch im Stadium eines Roten Riesen befindet. Das Schwarze Loch würde dann von der Oberfläche des nahen »Riesen« fortwährend Materie absaugen und in sich »hineinfressen« – unter Abgabe intensiver Röntgenstrahlung.

Inzwischen hat man, vor allem mit dem Hubble-Weltraumteleskop, eine ganze Reihe solcher Röntgenquellen entdeckt, deren Position stets mit der Position eines sehr großen hellen Sterns zusammenfällt. Gewiss, das sind keine endgültigen Beweise für die Existenz von Schwarzen Löchern, aber es sind doch starke Hinweise darauf, dass es sie gibt. Und daran zweifelt inzwischen kein Astronom mehr.

Aber nicht nur auf Astronomen und Astrophysiker üben Schwarze Löcher einen fast magischen Reiz aus, sondern auch auf interessierte Laien. Das liegt wohl an der Fähigkeit von Schwarzen Löchern, alles, was ihnen zu nahe kommt, zu verschlingen und für immer festzuhalten. Diese Fähigkeit hat allerdings auch etwas Ernüchterndes. Sie bedeutet nämlich, dass es niemals, auch nicht mit der fortschrittlichsten Raumfahrt, möglich sein wird, das Innere eines Schwarzen Lochs zu erkunden. Denn die Gravitationskräfte eines Schwarzen Lochs sind so gewaltig, dass alles, was ihm zu nahe käme, in seine Atome beziehungsweise Atomkerne zerrissen würde. Kein noch so stabiles Raumschiff könnte einer solchen Zerreißprobe standhalten. Diese physikalische Tatsache hat die Astrophysiker an ihren Computern nicht davon abgehalten, sich darüber Gedanken zu machen, wie eine Reise ins Innere eines Schwarzen Lochs verlaufen könnte. Hierbei darf allerdings eine wichtige Eigenschaft von Schwarzen Löchern nicht übersehen werden: ihr Drehimpuls. Alle Schwarzen Löcher, die im Universum vorkommen, haben mit Sicherheit eine Eigenrotation. Egal, ob ein massereicher Stern zu einem Weißen Zwerg, einem Neutronenstern oder einem Schwarzen Loch zusammenstürzt – es bleibt immer der ursprüngliche Drehimpuls des Objekts erhalten. Rein rechnerisch sind zwar auch nicht rotierende Schwarze Löcher möglich, aber die, die wirklich im Universum vorkommen, zeichnen sich auf jeden Fall durch zwei Eigenschaften aus: Sie haben eine Masse und sie haben einen Drehimpuls. Nach der klassischen Mechanik Newtons muss die Rotationsgeschwindigkeit eines zusammenstürzenden Sterns enorm anwachsen. Schrumpft ein Stern, verkleinert sich entsprechend auch sein Trägheitsmoment, weil sich die Verteilung der Masse relativ zur Drehachse verändert. Wenn das Trägheitsmoment aber im Schrumpfen abnimmt, dann steigt die Drehgeschwindigkeit entsprechend an. Wir können die Wirkung dieses physikalischen Gesetzes sehr schön am Beispiel einer Eisläuferin beobachten, die Pirouetten dreht. Sie kann ihre Drehungen beschleunigen, indem sie zum Beispiel ihre Arme eng an den Körper legt. Sie verkleinert dadurch ihr Trägheitsmoment und die Drehungen der Tänzerin werden entsprechend schneller. Wenn sie auch noch zaubern und sich im Drehen immer kleiner machen könnte, würde sie sich immer noch schneller und schneller drehen, je weiter sie schrumpfte.

Die Sonne zum Beispiel dreht sich in fünfundzwanzig Tagen einmal um sich selbst. Würde sie zu einem Schwarzen Loch von nur sechs Kilometer Durchmesser zusammenstürzen, würde sich dieses Loch an seinem äußeren Rand, dem Ereignishorizont, etwa fünfundzwanzigtausendmal pro Sekunde drehen. Rein rechnerisch würde dort ein Punkt mit 463 000 Kilometern pro Sekunde um das Zentrum des Schwarzen Lochs herumrasen. Das wäre aber mehr, als die Physik erlaubt, nämlich eineinhalbfache Lichtgeschwindigkeit.

Auch für Schwarze Löcher gibt es eine Obergrenze der Drehgeschwindigkeit, die durch die Lichtgeschwindigkeit gegeben ist. Für die zusammenstürzende Sonne läge die Grenze der Eigenrotation bei sechzehntausend Umdrehungen pro Sekunde; schneller könnte

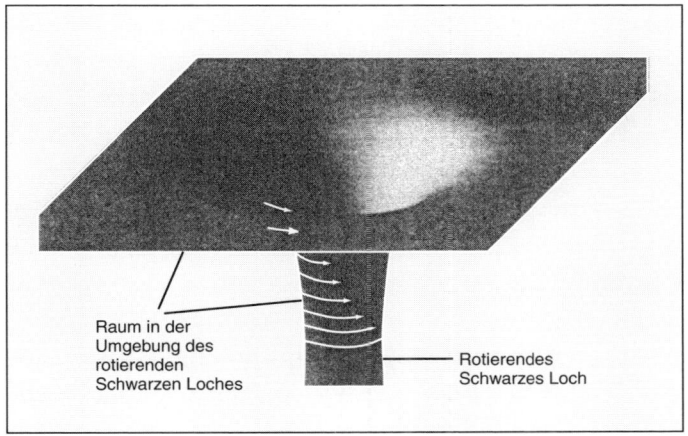

In der Umgebung eines rotierenden Schwarzen Lochs wird der
Raum mitgerissen.

sie sich in Gestalt eines Schwarzen Lochs nicht um sich selber drehen.

Also müsste das Schwarze Loch der kollabierenden Sonne einen
Teil seines Drehimpulses abgeben. Es will sich ja eigentlich viel
schneller drehen, kann es aber wegen der Lichtgeschwindigkeit als
Obergrenze nicht. Die ungenutzte Energie gibt das Schwarze Loch
deshalb an den umgebenden Raum ab. Das bedeutet: Es reißt ihn
buchstäblich mit. Ein rotierendes Schwarzes Loch erzeugt also einen
wirbelartigen Strudel um sich. Es versetzt den umgebenden Raum,
genauer: die Raumzeit, in eine Strudelbewegung.

Schwarze Löcher als Tore
zu anderen Universen

Während man die Eigenrotation eines Planeten oder eines
Sterns ganz gut beobachten und messen kann, wäre dies bei
einem Schwarzen Loch nicht möglich. Denn es rotierte hierbei
nichts anderes als der leere Raum selbst und den kann man nicht sehen. Wenn man allerdings einen Computer mit den Daten eines rotierenden Schwarzen Lochs fütterte, würde er uns sehr genau er-

rechnen können, was passierte, wenn wir einem Schwarzen Loch zu nahe kämen: Wir würden eine rasend schnelle Karussellfahrt erleben. Das kosmische Karussell hätte allerdings eine verrückte Eigenschaft: die Fliehkraft würde uns nicht vom Zentrum des Schwarzen Lochs weg-, sondern zu ihm hinziehen.

Die Computerberechnungen ergeben noch weitere Verrücktheiten: Rechnerisch gibt es noch die Möglichkeit, dem Raumzeitstrudel wieder zu entkommen, ehe der Ereignishorizont des Schwarzen Lochs erreicht ist, von dem es dann wirklich kein Entrinnen mehr gäbe. Voraussetzung für ein Entkommen wäre aber, dass man selber mit sehr hoher Geschwindigkeit in Rotationsrichtung in den Raumzeitstrudel eindränge. Dann würde man nicht vom Schwarzen Loch eingefangen, sondern von ihm weggeschleudert, und zwar mit wesentlich höherer Energie als man beim Eintritt in den Raumzeitstrudel hatte. Zündete ein Raumschiff innerhalb des Raumzeitstrudels seinen Raketenmotor – und zwar so, dass es in Richtung der Rotation beschleunigt wird –, so verließe es mit enormer Geschwindigkeit wieder den Strudel, während die ausgestoßenen Gase des Raumschiffmotors in das Schwarze Loch hineingezogen würden. Die herumwirbelnde Raumzeit um das Schwarze Loch beschleunigte dann zusätzlich das Raumschiff, es könnte dem Schwarzen Loch Energie entziehen und sie für die eigene Beschleunigung nutzen. Rein rechnerisch wäre es also möglich, Raumschiffe mithilfe von rotierenden Schwarzen Löchern bis an die Lichtgeschwindigkeit zu beschleunigen. Auf diese Weise könnten Raumschiffe zumindest theoretisch von einem Schwarzen Loch zum nächsten springen und das mit der höchsten im Universum möglichen Geschwindigkeit. Das sind freilich nur Gedankenspiele. Sie haben aber immerhin eine streng mathematische Grundlage, deren Richtigkeit von Computern bestätigt wird. Seit Januar 1998 kennt man ein neues, rätselhaftes Phänomen bei Schwarzen Löchern: eine Art kosmischen Schluckauf oder Rülpser, mit dem ein rotierendes Schwarzes Loch in gewissen Zeitabständen Materie abstößt. Entdeckt wurde diese Erscheinung an einem Schwarzen Loch, das in unserer Milchstraße, etwa 40 000 Lichtjahre entfernt, im Sternbild Aquila liegt und die Bezeichnung GRS 1915+105 trägt. Es saugt beständig von einem benachbarten Stern große Materiemengen ab. Diese kreisen um das

Zentrum des Schwarzen Lochs und geben intensive Röntgenstrahlung ab, bevor sie in das Schwarze Loch stürzen. Doch im zeitlichen Abstand von etwa einer halben Stunde versiegt die Röntgenstrahlung für fünf Minuten, wobei GRS 1915+105 plötzlich kräftig im Infrarotbereich leuchtet. Dieses Infrarotlicht rührt daher, dass vom inneren Rand der kreisenden Materie gewaltige Mengen von Staub und Gas ins Weltall fortgeschleudert werden – mit einer Geschwindigkeit von rund 275000 Kilometern pro Sekunde. Wie dieser heftige Materieausstoß zustande kommt, ist noch weitgehend ungeklärt. Derzeit gibt es dazu drei Hypothesen. Die erste macht eine »Überfütterung« des Schwarzen Lochs dafür verantwortlich, das heißt, es saugt mehr Materie an, als es aufnehmen kann, und deshalb entledigt es sich in einer Art Rülpser eines Teils der rotierenden Materie. Die zweite These macht magnetische Effekte dafür verantwortlich und die dritte These geht von Unregelmäßigkeiten in der kreisenden Materie aus: Die gesamte Verdichtungsscheibe des angesaugten und enorm schnell rotierenden Staubes wird regelmäßig in Schwingung versetzt und stößt einen Teil ihrer Masse ab. Mathematische Beweise für die Richtigkeit einer dieser Hypothesen müssen die Astrophysiker erst noch erbringen.

Und was wäre, wenn man das Zentrum eines rotierenden Schwarzen Lochs tatsächlich erreichen könnte, ohne schon vorher in seine Atomkerne zerrissen und in Röntgenstrahlung umgewandelt zu werden? Der Computer sagt, dass in einem rotierenden Schwarzen Loch gar keine punktförmige Singularität verborgen wäre, sondern eine ringförmige. Darunter kann man sich natürlich genauso wenig vorstellen wie unter einer punktförmigen Singularität. Die ringförmige Singularität entpuppte sich – so will es die Mathematik – als Tor zu einem Anti-Universum. Beim Durchstoßen der ringförmigen Singularität stürzte man in einen negativen Raum, in dem die Gravitation nicht mehr anziehend, sondern abstoßend wirkte. In diesem Anti-Universum herrschte also eine Massenabstoßungskraft. Dort wäre man als Mensch nur leider vollkommen fehl am Platz. Ein Körper, der nur entstanden ist, weil Massen einander angezogen haben, würde in einem Universum, in dem die Massen einander abstoßen, gar nicht bestehen können. Der Eintritt in ein anderes Universum mit anderen Naturgesetzen wäre uns schon deshalb verwehrt, weil wir nur in einem Universum denkbar sind, in dem die

Naturgesetze herrschen, denen wir selbst unterliegen. Selbst wenn wir den Zerreißkräften eines Schwarzen Lochs widerstehen könnten, würden wir sein Zentrum – egal, ob es punktförmig oder ringförmig wäre – niemals erreichen können. Wir würden uns auf die Singularität zubewegen, doch unser Abstand zu ihr dürfte dabei vermutlich immer größer werden. Das klingt unsinnig. Und das ist es auch – so unsinnig wie der Versuch, eine Reise ins Innere eines Schwarzen Lochs bildhaft darzustellen. Eine solche Reise kann es nicht geben; sie existiert nur als abstrakte rechnerische Möglichkeit. Ein Zustand, der jenseits aller bekannten Naturgesetze liegt, kann von einem Lebewesen, für das die Naturgesetze gelten, niemals erreicht werden. Das käme dem Versuch gleich, das Nichts erfahren zu wollen. In dem Moment, wenn wir ins Nichts eintauchten, wäre das Nichts kein Nichts mehr.

Diese reizvollen Gedankenspiele funktionieren nur, solange man die einzige Gewissheit über die Schwarzen Löcher beiseite schiebt: dass in ihrem Innern nichts so bleibt, wie es war, dass alles in seine Atomkerne zerrissen wird.

Ob Singularitäten in Gestalt von Schwarzen Löchern wirklich existieren, ist vorläufig noch ungeklärt, auch wenn die Computerberechnungen sie mit strenger Notwendigkeit fordern. Aber wer weiß, ob im Innern von Schwarzen Löchern nicht Kräfte am Werk sind, von denen die Physik noch gar nichts weiß und für deren Beschreibung eine erweiterte Mathematik nötig wäre.

Zwar gehorcht die Entstehung von Schwarzen Löchern den physikalischen Gesetzen der Natur, aber ihr Inneres liegt jenseits der Natur. Die Natur bringt somit in den Schwarzen Löchern etwas hervor, das über sie hinausweist. Das Schwarze Loch ist Teil der Natur, doch sein Inneres hat eine übernatürliche Qualität. In den Schwarzen Löchern berühren sich eine reale und eine irreale Welt. So etwas mutet ziemlich befremdlich an, denn normalerweise ist das Innere eines Objekts nicht weniger Teil dieser Welt als sein Äußeres. Aber das macht gerade das Faszinierende an den Schwarzen Löchern aus: Man hat das Gefühl, dass sich in ihnen etwas Unergründliches, Jenseitiges, vielleicht sogar Gott selbst verbirgt.

Vom Ende der Sterne zum Ende des Universums

Es scheint im Universum nichts zu geben, das von ewiger Dauer ist, so zeitlos und unergründlich uns die Objekte des Kosmos und er selbst auch erscheinen mögen. Dass er uns zeitlos vorkommt, hat vor allem damit zu tun, dass unsere eigene Lebensdauer im Vergleich zu den Entwicklungszeiten kosmischer Objekte verschwindend klein ist. Was sind schon siebzig oder achtzig im Vergleich zu Millionen und Milliarden Jahren!

Der Planet Uranus zum Beispiel braucht für einen einzigen Umlauf um die Sonne ein ganzes Menschenalter, nämlich knapp fünfundachtzig Jahre. Pluto, der äußerste Planet unseres Sonnensystems, benötigt sogar zweihundertsiebenundvierzig Jahre. Sterne und Planeten brauchen einige Milliarden Jahre, bis sie sich aus Gaswolken herausgebildet haben, um dann weitere Milliarden Jahre weitgehend unveränderlich durch den Kosmos zu treiben, ehe ihr Ende kommt. Aber selbst das Ende eines Sterns führt nur zu einem weiteren Daseinszustand, sei es als Weißer Zwerg, als Neutronenstern oder als Schwarzes Loch. Und dieser Zustand währt wiederum Milliarden Jahre. Doch auch die »Sternleichen« werden nicht ewig sein, einfach deshalb, weil das Universum als Ganzes nicht von ewiger Dauer ist. Die Ewigkeit gibt es in der Natur so wenig wie das Nichts oder die Unendlichkeit.

Wenn das Universum mit hoher Wahrscheinlichkeit einen Anfang im Urknall hatte, so ist natürlich die Frage nahe liegend, wie seine Ende aussehen wird. Wenn alles im Kosmos entsteht, um irgendwann wieder zu vergehen, so ist dieses Schicksal womöglich auch dem Universum als Ganzem beschieden. Der springende Punkt bei Überlegungen zur Zukunft des Universums ist sein Anfang. Vor etwa dreizehn Milliarden Jahren ist das Universum in einem Urknall entstanden und seitdem dehnt es sich unentwegt aus. Während es sich ausdehnt, kühlt es ab. Zum heutigen Zeitpunkt – also von uns aus gesehen – hat es nur noch eine Temperatur von drei Grad über dem absoluten Nullpunkt. Mit seiner Ausdehnung wurde auch seine Materiedichte immer geringer. Die Abstände zwischen den Galaxien werden wegen der Ausdehnung des Kosmos immer größer, freilich nur, wenn man die großräumigen Dimensionen der Galaxienhaufen und -superhaufen betrachtet. Innerhalb eines Galaxienhaufens bewegen sich die Galaxien nicht voneinander fort, sondern üben eine gegenseitige Anziehung aus. Sie kreisen lose umeinander und können dabei sogar miteinander zusammenstoßen.

Es gibt im Universum zwei entgegengesetzte Grundbewegungen: zum einen die gegenseitige Anziehung von Materiemassen, also das Aufeinanderzubewegen von Materie, zum anderen das durch den Urknall bedingte Auseinanderstreben der Materie. Die Galaxien beziehungsweise die Galaxienhaufen und -superhaufen ziehen einander an, was ihr Auseinanderstreben beeinträchtigt und so die allgemeine Fluchttendenz im Universum vermindert. Die Tatsache, dass sehr weit entfernte Galaxien sich rasch von uns entfernen, bedeutet allerdings nicht, dass wir der Mittelpunkt des Universums sind. Einen solchen gibt es nicht, wie wir längst wissen. Vielmehr ist es so, dass sich alle weit voneinander entfernten Galaxien voneinander wegbewegen. Von jedem Punkt des Universums aus zeigt sich dieser Vorgang in gleicher Weise. Die Fluchtgeschwindigkeit zwischen den Galaxien ist umso größer, je weiter sie voneinander entfernt sind. Gegenüber den am weitesten entfernten Galaxien ergeben sich Fluchtgeschwindigkeiten bis zu 270000 Kilometern pro Sekunde, also fast Lichtgeschwindigkeit.

Es ist aber in diesem Zusammenhang wichtig, festzuhalten, dass nicht die Galaxien selbst sich *durch* einen unbeweglichen Raum voneinander fortbewegen. Ebenso wenig stoßen sie in ein Nichts jenseits des Raums vor. Wir wissen ja bereits, dass sich der Weltraum in sich selber in der Art eines elastischen Gebildes ausdehnt. Dieser sich selbst ausdehnende elastische Raum führt die ruhenden Galaxien mit sich, zieht sie voneinander fort. Das wird vielleicht etwas verständlicher, wenn man sich einen Luftballon denkt, auf dem Punkte aufgemalt sind. Der Luftballon wäre der elastische Weltraum, die Punkte stellten die Galaxien dar. Blase ich nun den Luftballon auf, so dehnt sich das elastische Material in sich selber aus, wobei die aufgemalten Punkte alle voneinander fortstreben, und zwar umso schneller, je weiter sie voneinander weg sind. Am schnellsten entfernen sich beim Aufblasen jene Punkte voneinander, die auf der Ballonkugel exakt gegenüberliegen. Was in diesem Beispiel auf der Ballonoberfläche geschieht, passiert in ähnlicher Weise im dreidimensionalen Raum des Universums.

Die Astronomen – und auch wir – wüssten nur allzu gerne, ob diese Ausdehnung des Universums endlos weitergeht oder ob es der Materie im Kosmos gelingen wird, die Ausdehnung irgendwann zum Stillstand zu bringen. Dass die Materie durch ihre gegenseitige Anziehung, die auch über sehr große Entfernungen wirksam ist, der Ausdehnung entgegenwirkt, ist klar; unklar ist, wie stark sie dies tut. Um die durchschnittliche Massenanziehungskraft der Materie im Universum berechnen zu können, müssten die Astrophysiker wissen, wie viel Materie im Kosmos überhaupt vorhanden ist. Dies festzustellen ist man im Augenblick noch nicht in der Lage. Wir wissen nur eines sicher: Im Universum gibt es wesentlich mehr Materie als jene, die sichtbar ist, also messbare elektromagnetische Strahlung abgibt. Man geht zur Zeit davon aus, dass die sichtbare Materie im Kosmos höchstens zehn Prozent der Gesamtmaterie ausmacht. Mindestens neunzig Prozent der kosmischen Materie ist also unsichtbar, nicht messbar; man nennt sie deshalb auch »Dunkle Materie«.

Dass es diese Dunkle Materie geben muss, weiß man schon lange. So würde zum Beispiel die Massenanziehungskraft in unserer Milchstraße bei weitem nicht ausreichen, um diese um sich selbst rotierende Spiralgalaxie zusammenzuhalten. Die äußersten Sterne des Spiralnebels hätten sich längst wegen der Fliehkraft, die sie durch die Rotation der Galaxie erfahren, losgerissen. Die sichtbare Materie reichte nicht aus, um rotierende Galaxien zusammenzuhalten. Sie müssen also noch jede Menge unsichtbare Materie beherbergen, die bislang auch den besten Teleskopen und Messgeräten verborgen geblieben ist. Auch die Galaxienhaufen könnten nicht in sich einen Zusammenhalt finden, wenn die Galaxien nur so viel Materie in sich vereinten wie die, die man als leuchtende wahrnehmen kann.

Die Astronomen haben zwar keine Mühe, Kandidaten für Dunkle Materie aufzustellen, aber sie haben enorme Probleme, diese verborgenen Kandidaten direkt oder indirekt nachzuweisen. Als Dunkle Materie kämen Schwarze Löcher, erkaltete Neutronensterne und Weiße Zwerge ebenso infrage wie Planeten oder Braune Zwerge.

Möglich wären auch bislang noch unbekannte Elementarteilchen, deren Masse aber so klein sein müsste, dass man sie bis jetzt nicht messen konnte. Sie müssten so zahlreich im Universum vorkommen, dass sie zusammen eine gewaltige Masse auf die kosmische Waagschale brächten.

Zurzeit ist die Frage, wie groß die mittlere Materiedichte im Universum ist, weiterhin offen. Durch die jüngsten Beobachtungen und Messungen neigt die Mehrzahl der Astronomen dazu, einen offenen Kosmos anzunehmen, was bedeuten würde, dass seine Ausdehnung sich auf endlose Zeit fortsetzt. Die Galaxienhaufen würden demnach immer weiter voneinander fortstreben. Irgendwann würden sie sich endgültig von der Anziehungskraft, die zwischen ihnen herrscht, befreit haben. Nichts könnte sie dann vor der weiteren Flucht zurückhalten. Aber wie gesagt: Alles ist in dieser Zentralfrage der Astronomie noch offen. Früher oder später werden genauere Messungen vielleicht Klarheit bringen.

Ein kosmischer Schrecken ohne Ende

Für den Fall, dass sich das Universum endlos ausdehnen wird, lässt sich seine zukünftige Entwicklung in groben Umrissen skizzieren. Gegenwärtig zeigt die kosmische Uhr – von uns aus betrachtet – etwa dreizehn Milliarden Jahre nach dem Urknall. Nach weiteren zehn Milliarden Jahren werden die meisten der »jetzt« in unserer Milchstraße leuchtenden Sterne erloschen sein. Unsere Sonne wird in etwa fünf Milliarden Jahren ihren Brennstoff verbraucht haben. Spätestens dann muss sich die Menschheit eine andere Sonne mit einem anderen bewohnbaren Planeten gesucht haben, um weiter bestehen zu können. Allerdings geht man ohnehin davon aus, dass hoch entwickelte Zivilisationen gar nicht von so langer Dauer sind. Aber diese Frage werden wir im letzten Teil des Buches genauer diskutieren.

Während die »jetzt« leuchtenden Sterne in unserer Milchstraße und in benachbarten Galaxien nach und nach verlöschen, wird eine neue Generation von Sternen aus Gaswolken und aus dem Staub explodierter Sterne entstehen. Nach etwa hundert Milliarden Jahren wird unser relativ kleiner Galaxienhaufen, in dem nur etwa dreißig Galaxien zusammengefasst sind, recht einsam im Kosmos dahintreiben. Die anderen Galaxienhaufen werden sich wegen der ungebremsten Ausdehnung des Raums so weit von unserem Galaxienhaufen entfernt haben, dass sie auch von den größten Teleskopen nur noch als schwache Lichtfleckchen zu erkennen wären. Die Galaxien unseres Haufens nähmen untereinander an der großräumigen kosmischen Fluchtbewegung nicht teil. Im Galaxienhaufen dominierte weiterhin die Massenanziehungskraft. Der Haufen behielte seinen Durchmesser von etwa dreieinhalb Millionen Lichtjahren bei. Unsere Nachbargalaxien werden uns also auf »ewige« Zeiten erhalten bleiben, allerdings werden sie in hundert Milliarden Jahren anders aussehen. Einige werden miteinander zusammengestoßen sein – etwa unsere Milchstraße mit der Andromeda-Galaxie – und sich dabei stark verformen. Die drei großen Galaxien unseres Haufens, zu denen auch die Milchstraße gehört, werden einige der kleinen in sich aufgenommen haben. So besitzt unsere Milchstraße mindestens sechs Zwerggalaxien als Begleiter, die sie wahrscheinlich in »Kürze« verschlucken wird, und mit »Kürze« sind ein paar hundert Millionen Jahre gemeint.

»Irgendwann« ist das passendste Wort für Zeitangaben, die die fernste Zukunft des Universums betreffen. Irgendwann werden alle kosmischen Gasmassen und damit der Brennstoff für Sterne aufgebraucht sein. Irgendwann – vielleicht in einer Billion Jahre – werden die letzten Sterne verlöschen. Dann gehen im Universum buchstäblich die Lichter aus; die Galaxien werden nur noch aus Dunkler Materie bestehen. Höchstens, dass da und dort noch besonders langlebige Braune Zwerge schwach vor sich hin glimmen, bis auch sie irgendwann verlöschen. Damit ginge das Billionen Jahre während Zeitalter der Sterne zu Ende. Das Weltall wäre von da an vollkommen dunkel.

Nach hundert Billionen Jahren wird das Universum nur noch aus Sternenstaub, erkalteten Weißen Zwergen – die man dann besser als Schwarze Zwerge bezeichnete –, aus erloschenen Neutronensternen und aus Schwarzen Löchern bestehen. Um so manche »Sternleiche« kreiste vielleicht noch ein völlig erkalteter Planet. Über solch unendlich lange Zeiträume könnten auch Zusammenstöße zwischen

»Sternleichen« geschehen, während Zusammenstöße von Sternen während Milliarden von Jahren wegen der riesigen Entfernungen zwischen ihnen nicht vorgekommen sind. Nach zehn Billiarden Jahren (das ist eine 1 mit sechzehn Nullen) würden Zusammenstöße von kalten Sternen hingegen so oft passiert sein, dass die meisten übrig gebliebenen Planeten ihren toten Sonnen entrissen wären und ziellos durch das dunkle All trieben.

Nach zehn Trillionen Jahren (eine 1 mit neunzehn Nullen) wären alle Kernbereiche der erloschenen Galaxien zu supermassereichen Schwarzen Löchern zusammengebrochen. Jene Sternleichen, die den Schwarzen Löchern entkommen wären, trudelten weiter in die Zeitlosigkeit eines Kosmos, der sich auch dann immer noch weiter ausdehnte – wiewohl sich das Tempo der Ausdehnung immer mehr dem Wert null annähern würde. Hin und wieder blitzte in dem stockfinsteren Universum Röntgenlicht auf, nämlich dann, wenn eine der frei herumtrudelnden »Sternleichen« in ein Schwarzes Loch stürzt.

Aber auch die Schwarzen Löcher werden wahrscheinlich nicht ewig existieren. Sie könnten sich, so meint der Physiker Stephen Hawking, vielleicht in 10^{65} bis 10^{100} Jahren in Gammastrahlung auflösen. Ihre Existenzdauer würde von ihrer Größe abhängen. Spätestens nach 10^{100} Jahren bestünde das Universum nur noch aus einer extrem dünnen Suppe elektromagnetischer Strahlung, in der Neutrinos, Elektronen und deren Antiteilchen, die Positronen, »schwämmen«. Diese »Suppe«, die gewissermaßen das Weltende darstellte, wäre so dünn, dass man nur alle Million Lichtjahre auf eines der Elementarteilchen stieße. Während es also am Anfang der Welt eine unendlich dicke Teilchensuppe gab, bliebe am Ende nur eine unendlich dünne Suppe übrig.

10^{100} Jahre wären vergangen, und der Kosmos wäre an dem Punkt angelangt, an dem es ihm immer unmöglicher wird, noch irgendwelche Ereignisse hervorzubringen. Wenn sich aber nichts mehr ereignet, dann vergeht auch keine Zeit mehr. Die Zeit, die ja nichts Absolutes ist, würde mit den Ereignissen aus dem Universum verschwinden, allerdings nicht mit der Plötzlichkeit, mit der sie beim Urknall »eingeschaltet« wurde. Der Begriff »Ereignis« beschreibt hierbei letztlich nichts anderes als die Umwandlung einer Energieform in die andere. Diese aber kann in einem Raum nicht mehr stattfinden, in dem nur alle Million Lichtjahre ein Elementarteilchen vorkommt. Das Universum bestünde zwar noch mit der gesamten Energie, die es von Anbeginn besaß, aber es tauchte in seinem endlosen Ausdehnen immer tiefer in einen Zustand ein, der jenseits der Naturgesetze läge. Aus einem solchen war es im Urknall urplötzlich hervorgegangen, in einem solchen würde es wieder enden. Das Universum näherte sich unendlich lange an die zeitlose Ewigkeit an, ohne sie jemals zu erreichen. Für unser Zeitempfinden jedoch wäre schon die Zeitspanne davor, die 10^{100} Jahre, nichts anderes als die Ewigkeit. Physikalisch liegt bei etwa 10^{100} Jahren das Ende des Universums. Was danach kommt, gibt physikalisch nichts mehr her: Da machen die Computer nicht mehr mit. Aber was sind schon 10^{100} Jahre im Vergleich zur Ewigkeit! Nur ein Augenzwinkern.

Ein kosmisches Ende mit Schrecken

Das eben beschriebene Ende des Universums hat zugegeben etwas Deprimierendes, und weil wir uns nicht gerne deprimieren lassen, spielen wir schnell noch ein anderes Ende durch, das auch denkbar wäre, vorausgesetzt, die mittlere Materiedichte im Universum ist so groß, dass die Anziehungskräfte zwischen den Galaxienhaufen irgendwann stärker sein werden als die Urknallkraft, die die Galaxienhaufen voneinander forttreibt. In diesem Fall würde in etwa achtzig Milliarden Jahren die Ausdehnung des Universums zum Stillstand kommen. Es würde sich dann wieder zusammenziehen, bis es jenen Zustand erreichte, aus dem es hervorgegangen war. Der Urknall wiederholte sich als Endknall und aus diesem ginge das nächste Universum hervor.

Zuerst würde die Zusammenziehung des Raums langsam vor sich gehen, dann aber, im Verlauf von Jahrmilliarden, immer rascher. Die gesamte Materie-Energie des Universums konzentrierte sich am Ende wieder in einem einzigen Punkt von unendlicher Dichte. Wir hätten eine unendliche Folge von Universen: Von einem Urknall zum nächsten pulsierte der Weltraum. Auf Ausdehnung folgte Zusammenziehung in ewiger Wiederkehr.

Jetzt stellt sich natürlich die Frage, wieso eine ewige Abfolge von Universen weniger deprimierend sein soll als ein Universum, das sich ewig ausdehnt, bis die Zeit versiegt ist? Eine Ewigkeit ist doch so sinnlos wie eine andere. Hat es wirklich etwas Tröstliches oder vielleicht sogar Aufheiterndes, wenn man weiß, dass aus dem nächsten Urknall, der in etwa einhundertsechzig Milliarden Jahren stattfinden würde, ein neues Universum hervorginge, ja womöglich sogar eines, das vollkommen identisch wäre mit dem jetzigen? Alles, wir Menschen eingeschlossen, würde nach dem nächsten Urknall wiederkehren. Der Gedanke, in einem nächsten Universum wiederzukehren, muss einen nicht unbedingt mit Freude erfüllen. Welchen Sinn sollte es haben, das ganze Lebenstheater im Abstand von einhundertsechzig Milliarden Jahren noch einmal zu spielen? Eine ewige Wiederkehr des Gleichen wäre vor allem auch deshalb sinnlos, weil wir uns im nächsten Universum gewiss nicht an unsere Existenz im jetzigen erinnern würden.

Nicht nur unser gesunder Menschenverstand, sondern auch die Gesetze der Elementarteilchenphysik widersetzen sich der Vorstellung einer exakten Wiederkehr des Gleichen in einem nächsten Universum. Es ist nämlich davon auszugehen, dass die Zusammenziehung des Universums nicht genau spiegelbildlich zu seiner Ausdehnung stattfinden würde. Somit wäre auch der Endknall nicht vollkommen spiegelbildlich zum Urknall. Die Elementarteilchenphysik verbietet auch, dass die Elementarteilchen, die aus dem nächsten Urknall hervorgehen würden, sich exakt so verhielten wie bei jenem Urknall, der unsere Welt entstehen ließ. Damit aber wäre ausgeschlossen, dass eine totale Kopie der Erde entstehen würde und mit ihr eine vollkommen gleiche Abfolge von Ereignissen auf der Erde und im Weltall. Die unendliche Abfolge von Zufällen seit dem Urknall ist nicht wiederholbar. Die Freiheit der Elementarteilchen lässt das nicht zu.

Es gibt aber noch ein anderes Problem bei der Annahme eines in sich zusammenstürzenden Universums: Die Galaxien würden sich wieder auf ihren Ausgangspunkt zurückbewegen, das heißt, vor ihnen läge ihre eigene Vergangenheit. Damit aber würden sich Ursache und Wirkung von dem Zeitpunkt an umkehren, in dem sich das Universum nicht mehr ausdehnt, sondern zusammenzieht. Die

Welt zeichnete sich plötzlich dadurch aus, dass zuerst die Wirkungen da wären, auf die dann die Ursachen folgten. Die Zeit würde somit ihre Richtung ändern, der kosmische Zeitpfeil würde nicht mehr in die Zukunft, sondern in die Vergangenheit weisen. Ein solches Universum läge aber jenseits unserer Vorstellungskraft, es wäre nicht mehr im Einklang mit den herrschenden Naturgesetzen, die mit absoluter Strenge fordern, dass die Ursache immer vor der Wirkung kommt, dass der kosmische Zeitpfeil in die Zukunft gerichtet ist.

Ungewiss ist freilich, ob mit der Umkehrung des kosmischen Zeitpfeils automatisch auch alle kosmischen Ereignisse rückwärts ablaufen würden wie in einem zurücklaufenden Video. Die meisten Naturwissenschaftler halten eine solche Vorstellung für sinnlos. Die Sterne würden auf einmal, nur weil der Raum sich wieder zusammenzöge, ihre Strahlung nicht mehr abgeben. Vielmehr würde sie dann auf die Sterne zuströmen und sie dadurch mehr und mehr erhitzen. Die Wärme würde ganz allgemein von den kalten zu den warmen Körpern fließen, während doch die herrschende Physik verlangt, dass sich die Wärme stets vom Warmen zum Kalten bewegt. Lebende Organismen wären in solch einem umgekehrten Kosmos gar nicht denkbar, es sei denn als »Lebewesen«, die Wärmeenergie aufnehmen, um sie in ihren Körpern in chemische Verbindungen umzuwandeln, die dann über den Mund ausgeschieden würden. Alle organischen Funktionen würden sich umkehren. Sehen und Hören gäbe es nicht mehr, weil alle Licht- und Schallwellen die Organe verlassen und zurück zu den Objekten wandern würden, von denen sie ausgesandt wurden. Und nicht zuletzt würden auch die Gehirne umgekehrt funktionieren, die Logik wäre eine umgekehrte, das heisst, man würde aus der Tatsache, dass ein reifer Apfel vom Boden zum Ast hochfliegt, schließen, dass er reif war und nun anfängt, langsam unreif zu werden und sich schließlich in eine Apfelblüte verwandelt. Aber auch die Anziehungskraft zwischen Massen müsste sich zu einer Abstoßungskraft umkehren, damit der Apfel überhaupt vom Boden zum Ast hochfliegen kann – und damit wird der ganze Gedankengang vollends sinnlos, denn es käme der Apfel überhaupt nicht dazu, jemals auf dem Boden zu liegen, die Erde würde ihn und alles andere auf ihr abgestoßen haben.

Ja, die Erde selbst wäre längst auseinander geflogen, denn es ist allein die Massenanziehungskraft, die sie als Materiekugel zusammenhält. Kurzum: Es wäre eine reichlich verrückte Welt.

Um solche absurden Schlussfolgerungen zu vermeiden, neigen die meisten Wissenschaftler zu der Ansicht, dass auch in einem zusammenstürzenden Universum die Sterne weiterhin so funktionieren würden, wie sie es in der Ausdehnungsphase des Universums taten. Sie würden weiterhin strahlen und irgendwann verlöschen. Wieso sollte auch ein Stern plötzlich seine physikalischen Vorgänge umkehren, nur weil das Universum sich nicht mehr weiter ausdehnt, sondern zusammenzieht? Das einzelne Sternenschicksal dürfte davon wohl unberührt bleiben.

Neueste Erkenntnisse weisen darauf hin, dass die ewige Ausdehnung vom Schöpfer bevorzugt wurde. Und nicht nur das – sie läuft mit immer größerer Geschwindigkeit ab. Das ergaben sehr genaue Messungen an weit entfernten Supernovae (Sternexplosionen). Demnach muss es eine Kraft im Universum geben, die die entgegengesetzte Wirkung der Gravitation hat: eine Anti-Gravitation.

Freilich weiß vorerst noch niemand, was sich physikalisch hinter dieser Anti-Gravitation verbirgt, das heißt wodurch sie verursacht wird. Die Ursache könnte eine bislang noch sehr rätselhafte kosmologische Konstante oder »dunkle Energie« sein, die in kosmischen Dimensionen bewirkt, dass Materie sich nicht nur gegenseitig anzieht, sondern auch abstößt, allerdings mit einer Kraft, die viel viel kleiner ist als die Anziehungskraft.

Über die Herkunft der Anti-Gravitation wagen die Kosmologen immerhin eine Vermutung: Es sei das Nichts selbst, das den Weltraum auseinanderdrückt. Im Vakuum zwischen den Galaxien verberge sich eine Energie, die sich Platz zu schaffen suche. Diese »Vakuum-Energie« zu ermitteln ist den Physikern bis heute nicht gelungen. Verursacher könnten fremdartige Teilchen sein, die ständig aus nichts entstehen und wieder vergehen.

Damit ist leider noch gar nichts erklärt. Es scheint, als müssten sich die Astrophysiker erst mal an den Gedanken gewöhnen, dass sich eine bislang unbekannte Elementarkraft ins gängige Bild vom Universum eingeschlichen hat. Doch die Daten scheinen eindeutig zu sagen, dass diese geheimnisvolle »Vakuum-Energie« tatsächlich existiert. Damit ist das Universum auf einmal wieder ein Stück weit mysteriöser geworden.

Es sieht so aus, als stecke die Gesamtenergie des Universums zu fast drei Vierteln in dieser fünften Elementarkraft, die buchstäblich aus dem Nichts entsteht, wo doch die klassische Physik gerade das nicht erlaubt: Aus nichts kann nichts entstehen, so fordert sie.

Auf einmal, so scheint es, spielt das Nichts, mit dem sich sonst nur die Philosophen herumschlagen, eine wichtige Rolle in der Physik, zumindest in der Astrophysik. Dabei hatte der russische Physiker Andrej Linde schon seit geraumer Zeit die These vertreten, dass das ganze Universum aus dem Nichts entstanden sein könnte. Eine Energie-Zuckung des Vakuums habe seiner Meinung nach den Urknall ausgelöst. Wenn es zur Entstehung eines ganzen Universums aber nur eines so kleinen Aufwands bedarf, könne man getrost davon ausgehen, dass es mehr als nur ein Universum gibt. Jedes wäre nur eine winzige Seifenblase in einem unendlichen Schaumberg. Statt eines Universums gäbe es unendlich viele »Multiversen«.

Tatsächlich unterstützen die Teilchenphysiker mit ihren Forschungsergebnissen diese waghalsige Theorie. In der Beschleunigeranlage des CERN in Genf hat man solche »Blitze aus dem Nichts«, sogenannte Fluktuationen, tatsächlich beobachten können. Weil auch das Vakuum energiegeladen ist, treten darin Energieballungen auf, die nach weniger als einer billiardstel Sekunde von selbst wieder vergehen.

Nun könnte es aber sein, dass es – wenn zufällig die richtigen Blitz-Energien aufeinander träfen – zu einer Art Schneeball-Effekt nach solch einem Vakuum-Blitz kommt. Es begänne eine komische Inflation, bei der sich das betroffene Gebiet schlagartig zu kosmischen Dimensionen aufblähte. Da kann man nur hoffen, dass bei den Versuchen am CERN nicht plötzlich ein neues Universum entsteht. Uns macht das eine schon Kopfzerbrechen genug.

Mehr noch als den Sternen aber kann es dem Menschen gleichgültig sein, ob sich der Kosmos ewig ausdehnen wird oder nicht. Denn der Sinn des menschlichen Daseins bleibt davon unberührt. Es ist zu kurz, um mit kosmischen Zeiträumen in Beziehung gesetzt zu werden. Das ist auch der Grund, weshalb der Mensch, samt seiner Kultur, im Kosmos der Physiker keine Rolle spielt. Trotzdem wird man das Gefühl nicht los, dass das ganze unermessliche Universum vielleicht seinen Sinn erst dadurch erlangt, dass es wenigstens ein Wesen hervorgebracht hat, das imstande ist, es als Universum wahrzunehmen und über den Kosmos nachzudenken. Das Universum scheint von Anbeginn darauf abgezielt zu haben, dass es früher oder später Leben, intelligentes Leben, hervorbringt. Allein darin offenbart sich sein Sinn. Ein Kosmos ohne Geist, ohne Bewusstsein wäre unvollendet. Eine Welt, die niemand wahrnimmt, wäre keine Welt.

Leben – eine Frage der richtigen Temperatur

Bisher haben wir ein Universum ohne Leben beschrieben. Es wäre diesem Universum, das nur aus Staub- und Gaswolken, aus Sternen und »Sternleichen« besteht, auch gar nicht möglich gewesen, Leben hervorzubringen. Die Sterne und ihre Überreste sind als Lebensorte viel zu heiß. Leben hat, was die Temperatur angeht, einen ziemlich engen Spielraum. Bei Temperaturen über einhundert Grad Celsius zerfallen Eiweißmoleküle und Nukleinsäuren in kleinere Moleküle. Bei Temperaturen von mehr als einigen tausend Grad Celsius zerfallen die einfachen Moleküle in ihre Einzelatome. Und bei Temperaturen, die wesentlich unter null Grad Celsius liegen, verlangsamen sich die biochemischen Reaktionen so sehr, dass aktives, sich selbst vermehrendes Leben nicht mehr möglich ist. Die idealsten Temperaturen für Lebensentfaltung liegen, nach heutigem Wissen, zwischen +25 und +45 Grad Celsius. Alle höher entwickelten Lebewesen auf der Erde haben Körpertemperaturen in diesem Bereich.

Wären im Universum aus den ursprünglichen Gaswolken nur Sterne beziehungsweise Braune Zwerge entstanden, so hätte sich kaum eine Möglichkeit für die Entstehung von Leben ergeben, ja nicht einmal für die Entwicklung organischer Molekülverbindungen. Im besten Fall hätten sich auf erkalteten Braunen Zwergen einfache Lebensformen entwickeln können, da dort vermutlich erdähnliche Temperaturen herrschen. Aber günstige Temperaturen allein genügen nicht zur Entfaltung höherer Lebensformen. Eine Atmosphäre, die unter anderem auch Sauerstoff enthält, und das Vorhandensein von Wasser sind nach heutigem Wissen ebenfalls notwendige Voraussetzungen für die Entwicklung von Leben.

Solche Bedingungen entstehen aber nur auf Planeten. Ein Universum mit Milliarden Sternen, aber keinem einzigen Planeten, könnte aller Wahrscheinlichkeit nach kein Leben hervorbringen. Dabei ist die Entstehung von Planeten, die in gebührendem Abstand die Sterne umrunden, durchaus kein notwendiger Vorgang. Vielmehr birgt er jede Menge Rätsel und ist von der modernen Naturwissenschaft bis heute nicht befriedigend erklärt.

Aber mag es auch noch so viele Planeten im Universum geben, so bedeutet das nicht, dass sich auf ihnen automatisch Leben entwickelt hat. Falls ein Planet überhaupt eine Atmosphäre besitzt, ist sie meistens giftig. Wichtiger noch ist eine richtige Entfernung vom Zentralgestirn und eine Umlaufbahn, die der Kreisbahn sehr nahe kommt. Nur so ist eine gleichmäßige Energiezufuhr garantiert. Lebensnotwendig ist auch, dass der Planet ein Magnetfeld besitzt, das stark genug ist, um die harte kosmische Strahlung abschirmen zu können. Genauso wichtig ist es, dass die Atmosphäre eine Ozonschicht ausbildet, die die lebensfeindliche UV-Strahlung des Sonnenlichts abwehrt.

Die genannten Bedingungen entstehen nur auf Planeten, was nicht heißt, dass sie auf allen Planeten vorhanden sind. Hinzu kommt, dass nicht jeder Stern automatisch Planeten besitzt. Man geht davon aus, dass wahrscheinlich all jene Sterne Planeten haben, die keinen Mehrfachsternsystemen angehören. Wo nämlich zwei oder noch mehr Sterne umeinander kreisen, besteht keine Möglichkeit für stabile, kreisförmige Umlaufbahnen von Planeten. Die Sterne würden sich gegenseitig ihre Planeten in dem Durcheinander wechselnder Anziehungskräfte entreißen. Damit kommt schon über die Hälfte aller Sterne für Planeten als Begleiter nicht infrage. Aber auch allzu große oder allzu kleine Einzelsterne werden wahrscheinlich keine Planeten besitzen. Genaues weiß man darüber jedoch noch nicht. Man geht davon aus, dass die Wahrscheinlichkeit, erdähnliche Planeten zu besitzen, für jene Sterne am größten ist, die eine ähnliche Masse wie die Sonne haben. Bewiesen ist damit freilich gar nichts. Das sind nur Orientierungshilfen, um sich in diesem rätselhaften Kosmos ein wenig zurechtzufinden.

Aber wie kommen nun mittelgroße Einzelsterne so wie unsere Sonne zu ihren Planeten? Auch diese Frage ist bislang von der Astronomie nicht endgültig geklärt. Es gibt jedoch eine vorläufige Theorie der Planetenentstehung, in die alle bekannten Grundbedingungen für die Entstehung kosmischer Objekte Eingang gefunden haben. Eine Grundbedingung für die Planetenentstehung lautet: Die kosmischen Gaswolken, die vor allem aus Wasserstoff und Helium bestehen, müssen mit Staub angereichert sein, das heißt mit festen Materiepartikeln der unterschiedlichsten chemischen Elemente. Kosmische Staubwolken aber gibt es erst, seit eine erste Sterngeneration durch Supernova-Explosionen zugrunde gegangen ist. Dabei wurden die kosmischen Gaswolken in den Galaxien mit dem Staub angereichert, den die explodierenden Sterne in den Weltraum schleuderten.

Die Sterne der ersten Generation besaßen also mit Sicherheit noch keine Planeten, zumindest keine mit fester Materie. Gasförmige Planeten wären aber auch da schon denkbar, doch sind sie für die Entwicklung von Leben ungeeignet.

Planeten sind Nebenprodukte der Sternentstehung

Die Sterne der zweiten und dritten Generation entstanden nicht mehr aus reinen Wolken von Wasserstoff und Helium, sondern aus Wolken eines Gas-Staub-Gemischs. Wenn sich solche riesigen Wolken aus Gas und Staub aufgrund ihrer Schwerkraft zusammenziehen, um schließlich in ihrem Zentrum einen heißen Gasball, einen Stern, zu bilden, so gelingt es den schweren Staubkörnern in der rotierenden Gaswolke, sich dem Zusammensturz zu entziehen. Weil sie schwerer sind als die Gasteilchen, werden sie in dem kreisenden Gas- und Staubstrudel wegen ihrer größeren Fliehkraft nach außen gedrängt. Wahrscheinlich können auch Teile der Gasmaterie dem Kollaps entkommen, vor allem in den äußeren Bereichen der Wolke. Dieser Staub- und Gasrest bildet um den jungen Stern eine

In einer Gas- und Staubwolke, die um die junge Sonne rotiert, bilden sich nach und nach aufgrund der Massenanziehungskraft die einzelnen Planeten heraus.

rotierende Scheibe beziehungsweise ein System von Ringen, ähnlich dem, das uns vom Planeten Saturn vertraut ist. Innerhalb dieser Scheibe stoßen einzelne Staubteilchen zusammen und bleiben aneinander hängen. So bilden sich über Jahrmillionen nach und nach größere Partikel, denen es immer leichter fällt, aufgrund ihrer wachsenden Anziehungskraft andere Materiebrocken einzufangen. Am Ende hat die Schwerkraft riesige Materiekugeln geformt, die in der ursprünglichen Scheiben- oder Ringebene um den jungen Stern kreisen. Im Gegensatz zu den gewaltigen Gasmassen, die sich unter sehr hohen Temperaturen zu einem Stern verdichten, geschieht die

Verdichtung von Staub zu Planeten bei Temperaturen, die immer zwischen einigen hundert Grad und maximal zweitausend Grad Kelvin liegen. Die Planeten verdichten sich, gemessen an den Temperaturen von Sternen, auf nahezu kaltem Weg. Von den Planeten unseres Sonnensystems hat einzig der größte Planet Jupiter vermutlich ein rot glühendes Jugendstadium durchlaufen.

Wenn wir bei der Planetenentstehung von »Staub« gesprochen haben, so muss man sich sehr kleine Körnchen von einem zehntausendstel Millimeter vorstellen. Im atomaren Maßstab aber sind das riesengroße Teilchen. Diese Staubkörnchen bestehen ursprünglich aus Milliarden von Atomen der Elemente Silizium, Sauerstoff, Magnesium und Eisen. Sie bilden einen soliden Kern, den eine hauchdünne Eisschicht umgibt. Diese Staubkörner, die man in der Sprache der Chemiker als Moleküle bezeichnet, stellen die ersten festen Körper im Universum dar. Zusammengehalten werden sie durch die elektromagnetische Kraft, die zwischen den Atomen wirkt und sie zu einem starren Gitter zusammenfügt. Auf der Oberfläche dieser Staubkörner können sich nach und nach schwerere Elemente anlagern und vielfältige Verbindungen eingehen. Auch heute noch schwirren in den endlosen Weiten zwischen den Sternen solche Moleküle durch den Raum. Sie können mit den Geräten der Radioastronomie in ihrer Zusammensetzung genau bestimmt werden. Am häufigsten kommen Moleküle aus Wasserstoff (H_2) vor, dann die aus Kohlenmonoxid (CO) sowie Wassermoleküle (H_2O). Ohne diese Moleküle hätte Leben im Kosmos nicht entstehen können.

Wasser gibt es also nicht nur reichlich auf unserem Blauen Planeten, sondern es findet sich, fein verteilt, überall im Weltall, natürlich zu Eis gefroren. Weitere, häufig anzutreffende Moleküle im Weltraum sind Methan (CH_4) und Ammoniak (NH_3). Sie spielten eine beherrschende Rolle in der noch äußerst lebensfeindlichen Uratmosphäre unserer Erde.

Man kann sagen, alle Elemente, aus denen jedes Lebewesen zu neunundneunzig Prozent besteht – Wasserstoff (H), Kohlenstoff (C) Stickstoff (N) und Sauerstoff (O) –, waren schon vor Milliarden Jahren reichlich in den Gas- und Staubwolken der Galaxien vorhanden. Sie waren gebunden in Hunderten von verschiedenartigen Molekülen. Diese Moleküle waren nicht nur die Grundbausteine für die Bildung von Planeten, sondern genauso für die Entstehung von Leben. Leben konnte aber nicht einfach im leeren Raum zwischen den Sternen entstehen, sondern es bedurfte dazu einer Art Wiege, eines geschützten Ortes. Und genau solche Schutz bietende Inseln im an sich lebensfeindlichen Kosmos stellen die Planeten dar.

Die Entstehung von Planeten, die wir in wenigen Sätzen geschildert haben, benötigte in Wirklichkeit Millionen Jahre. Nach der heutigen Theorie muss eine Gas-Staub-Scheibe mindestens fünfzig Millionen Jahre bestehen, bevor in ihr Planeten herangewachsen sind. Die Massenanziehungskraft ist zwar eine äußerst schwache, aber dafür eine umso unerbittlichere Kraft.

Bevor das Hubble-Weltraumteleskop seine Arbeit aufnahm, war es den Astronomen nicht möglich gewesen, solche Staubscheiben – also die Urformen von Planetensystemen – in unserer Galaxis zu beobachten. Dabei war man sich ziemlich sicher, dass es unzählige »neugeborene« Sterne mit solchen Materiescheiben auch in unserer unmittelbaren Nähe geben muss. Aber die Staubscheiben sind einfach zu klein und strahlungsarm, als dass man sie direkt beobachten könnte. Allerdings kannte man bereits eine ganze Reihe von Sternen, die dadurch auffielen, dass sie starke Infrarotstrahlung aussandten. Dies kann ein Hinweis sein, dass sie von einer dichten Staubhülle umgeben sind. Man nennt solche Sterne T-Tauri-Sterne oder nebelveränderliche Sterne. Ihr Licht schwankt beständig, was auf Wechselwirkungen zwischen dem jungen Stern und der ihn umgebenden Staubscheibe schließen lässt. Mit hunderttausend bis zehn Millionen Jahren sind diese Sterne sehr jung.

Aus der Intensität der Infrarotstrahlung, die von diesen Staubscheiben ausgeht, können die Wissenschaftler ungefähre Angaben über Größe und Masseninhalt solcher Scheiben machen. Die besitzen demnach durchschnittlich einige Zehntel Sonnenmasse und einen etwa doppelt so großen Durchmesser wie unser Sonnensystem. Obwohl diese Werte recht ungenau sind, kann man doch sagen, dass solche Staubscheiben weitaus mehr Materie enthalten als für die Bildung von Planeten letztlich verbraucht wird. Das gilt zumindest dann, wenn man unser Sonnensystem als typisch für das ganze Universum ansieht, was freilich nicht unbedingt richtig sein muss.

Mit dem Hubble-Weltraumteleskop konnten bislang allein im

Orion-Nebel einhundertdreiundfünfzig derartige Staubscheiben, also Vorformen von Planetensystemen, aufgespürt werden. Daraus kann man schließen, dass die Bildung von Planetensystemen nichts Ungewöhnliches im Universum ist. Die Größe der beobachteten Scheiben schwankt zwischen dem Zwei- bis Siebenfachen des Durchmessers unseres Sonnensystems.

Computerberechnungen haben ergeben, dass eine Staubscheibe um einen jungen Stern mindestens ein hundertstel Sonnenmasse an fester Materie besitzen muss, damit aus ihr überhaupt Planeten hervorgehen können. In unserem Sonnensystem besitzen alle neun Planeten zusammen nur etwa ein Tausendstel der Sonnenmasse. Der überwiegende Teil der ursprünglichen Staubscheibe blieb also ungenutzt. Wo aber ist diese Staubmaterie geblieben? Zwischen den Planetenbahnen jedenfalls findet man heute nur noch geringe Mengen kosmischen Staubs. Man geht davon aus, dass er durch die Sonnenaktivitäten, den sogenannten Sonnenwind, aus dem Planetensystem fortgeblasen wurde. Vor allem bei jungen T-Tauri-Sternen scheint dieser Sonnenwind besonders stark zu sein. Er dürfte alles aus dem Zentralbereich der Gas- und Staubscheibe ins All fortblasen, was eine Größe unter einem Millimeter hat. Das dürfte auch der Grund sein, weshalb die sonnennahen Planeten Merkur, Venus, Erde und Mars kaum Anteile der leichten Elemente Wasserstoff und Helium aufweisen. Die vier so genannten Silikat- oder Gesteinsplaneten bestehen hauptsächlich aus Kohlenstoff, Sauerstoff und Metallen, vor allem Eisen. Hingegen bestehen die großen äußeren Planeten, allen voran Jupiter, fast ausschließlich aus Wasserstoff und Helium. Sie stellen also regelrechte Gasplaneten dar. Dort draußen war der Strahlungsdruck der jungen Sonne zu schwach, um die leichten Elemente ins All wegzublasen. Die zahlreichen Kleinplaneten, auch Asteroiden oder Planetoiden genannt, die sich in einem Gürtel zwischen den Bahnen von Mars und Jupiter um die Sonne bewegen, sind möglicherweise Restbestandteile der scheibenförmigen Urwolke. Durch die relative Nähe des Riesenplaneten Jupiter war es den Gesteinsbrocken in diesem Gürtel unmöglich, sich zu einer größeren Materiekugel zu vereinen. Die starke Anziehungskraft des Jupiters störte die Bildung eines zehnten Planeten in diesem Gürtel.

Was die Monde der einzelnen Planeten betrifft, so stellen die entweder Körper dar, die selbstständig aus Staubscheiben hervorgegangen sind und sich um die entstehenden Planeten gebildet haben, oder sie sind Abspaltungen der Planeten als Folge von Zusammenstößen mit anderen Himmelskörpern. Unter Umständen könnte es sich bei den Monden auch um ursprüngliche eigenständige Kleinplaneten handeln, die erst später von den größeren Planeten eingefangen wurden. Dass einzig die beiden sonnennächsten Planeten Merkur und Venus keine Monde haben, kann man damit erklären, dass die starke Anziehungskraft der Sonne es diesen beiden Planeten unmöglich machte, sich Begleiter einzufangen. Die Sonne hat sie ihnen gewissermaßen vor der Nase weggeschnappt.

Die Planetenringe, wie sie Saturn und, in schwacher Form, auch Jupiter, Uranus und Neptun besitzen, sind vermutlich Reste eines Mondes, der aus irgendeinem Grund dem Planeten zu nahe kam und von dessen Gezeitenkräften zerrissen wurde. Tatsächlich ergäbe die Gesamtmasse der Saturnringe einen ziemlich stattlichen Mond. Doch gerade wegen seines Ringsystems fasziniert uns dieser Planet ganz besonders. Monde hat Saturn ohnehin genug, nämlich achtzehn an der Zahl. Damit ist er der mondreichste Planet in unserem Sonnensystem.

Die berühmten Saturnringe bestehen in der Hauptsache aus feinstem Staub oder Eisteilchen, in die aber auch stattliche Brocken bis zur Größe eines Einfamilienhauses eingebettet sind. Messungen mit dem Spektrographen deuten darauf hin, dass es auch einen gasförmigen Anteil in den Saturnringen gibt. Beeindruckend an diesem Ringsystem ist seine Formschönheit. Bei genauerer Betrachtung erschließt es sich als ein streng geordnetes System Hunderter von Einzelringen – ein Muster aus feinen konzentrischen Kreisen. Im Vergleich zu seinem gigantischen Durchmesser von rund 272 000 Kilometern – das entspricht zwei Dritteln der Entfernung zwischen Erde und Mond –, ist das Ringsystem mit weniger als einem Kilometer Dicke außerordentlich dünn. Im Großen und Ganzen muss man sagen, dass selbst die allernächste Umgebung unserer Erde, also unser Sonnensystem, auch heute noch zahlreiche offene Fragen bietet, vor allem im Hinblick auf seine Entstehungsgeschichte. In der Anfangsphase der Planetenentstehung muss es im Sonnensystem ziemlich chaotisch zugegangen sein. Zusammenstöße von Planeten waren in der Frühzeit des Sonnensystems an der Tagesordnung. Davon zeugen noch heute die zahlreichen Einschlagkrater auf Merkur, Mars oder unserem Mond. Auch die Erde war ursprünglich mit zahllosen Kratern übersät, die aber im Lauf der Jahrmilliarden verwittert sind. Wahrscheinlich hatte unser Sonnensystem ursprünglich weit mehr als neun Planeten. Durch Zusammenstöße sind gewiss einige aus dem System hinausgeschleudert worden, andere verschmolzen beim Zusammenstoß zu einem einzigen Himmelskörper.

Die besondere Geschichte unseres Monds

Die größten Planeten unseres Sonnensystems besitzen auch die größten Monde. Die vier größten Jupitermonde konnte schon Galilei durch sein bescheidenes Fernrohr beobachten. Unter ihnen ist Ganymed der allergrößte; er ist überhaupt der größte Mond des ganzen Sonnensystems; er ist sogar größer als der Planet Merkur und fast so groß wie Mars. Saturn besitzt mit Titan den zweitgrößten Mond des Sonnensystems. Dieser hat sogar eine dichte Atmosphäre, die in der Hauptsache aus Stickstoff und Methan besteht. Für die Astronomen ist Titan mit Abstand der interessanteste Mond im ganzen Sonnensystem, weil er wegen seiner dichten Atmosphäre erdähnliche Verhältnisse aufweisen könnte, genauer: Verhältnisse, wie sie auf der Erde vor mehr als vier Milliarden Jahren herrschten. Dies war auch der Grund, wieso man eigens eine Sonde, die mit 6,4 Milliarden Mark auch noch sehr teuer war, auf den weiten Weg schickte. Sie trägt den Namen Cassini. An Bord hat sie eine kleine Forschungskapsel, Huygens mit Namen, die sich nach der Ankunft des Mutterschiffs im Sommer 2004 von diesem lösen und an einem riesigen Fallschirm auf Titan landen soll. Allerdings gibt es zurzeit Probleme mit dem Funksystem der Sonde.

Der Abstieg von Huygens wird zweieinhalb Stunden dauern. Was die Forschungskapsel erwarten wird, weiß niemand. Ob sie auf Felsen prallen oder in einem Meer aus Methan versinken wird, ist offen. Auf dem im Durchmesser 5150 Kilometer großen Saturn-Mond herrschen Temperaturen von minus 180 Grad Celsius. Leben wird es also auch auf Titan nicht geben, aber möglicherweise organische Grundbausteine des Lebens.

Den größten Mond im Verhältnis zum Mutterplaneten besitzt Pluto, der äußerste und kleinste Planet unseres Sonnensystems. Pluto hat nur einen Durchmesser von 2300 Kilometern (im Vergleich dazu die Erde: 12700 Kilometer), sein Mond Charon hat immerhin einen von 1200 Kilometern. Eigentlich sollte man hier besser von einem Doppel-Planetensystem sprechen, in dem beide Himmelskörper einander umrunden.

Auch unser Mond ist im Vergleich zu seinem Mutterplaneten Erde sehr groß, nämlich 3470 Kilometer im Durchmesser. Das ist mehr als ein Viertel der Erdgröße. Die Entstehung des Erdmonds stellt ein besonderes Kapitel in der planetaren Astronomie dar. Man ist sich bis heute unschlüssig darüber, wie die Erde zu einem derart großen Mond gekommen ist, wo doch die Nachbarplaneten entweder gar keinen Mond besitzen (Venus) oder nur zwei winzige, unregelmäßig geformte Monde (Mars) von zehn bis zwanzig Kilometer Durchmesser.

Erde und Mond stellen ein ungewöhnliches Paar dar, denn nach der inneren Logik unseres Sonnensystems sollte die Erde eigentlich keinen Mond oder bestenfalls einen kitzekleinen, nur ein paar Kilometer großen Gesteinsbrocken als Begleiter haben. Seit wir im Besitz von Mondgestein sind, das 1969 die Astronauten von Apollo 11 auf die Erde mitbrachten, haben es Wissenschaftler in aller Welt über zwanzig Jahre lang genau analysiert. Die chemischen Untersuchungen sowie alle physikalischen Daten – etwa das Drehmoment des Erde-Mond-Systems und seine Bahn im Sonnensystem – bestätigen eine Theorie, wonach der Mond aus dem Zusammenstoß der jungen Erde mit einem anderen, mehr als marsgroßen Planeten hervorgegangen sein muß.

Zunächst brachte die Altersbestimmung des Mondgesteins für die Wissenschaftler eine Überraschung: Man datierte es auf rund 4,4 Milliarden Jahre. Das Alter der Erde aber liegt bei mehr als 4,5 Milliarden Jahren. Der Mond ist also ein bisschen – d.h. mindestens 100 Millionen Jahre – jünger als die Erde. Eine weitere Überraschung kam hinzu: Die etwa vierhundert Kilogramm Mondgestein, die an verschiedenen Landestellen eingesammelt worden waren, wiesen in

ihrer chemischen Zusammensetzung große Ähnlichkeiten zum Erd-
gestein auf, aber auch deutliche Unterschiede. Vor allem ist das
Mondgestein arm an leichtflüchtigen Elementen wie Natrium, Ka-
lium, Blei und Wismut, dafür aber reich an schwerflüchtigen Bestandteilen wie Kalzium, Aluminium, Titan und Uran. Hinzu
kommt, dass der Mond, im Gegensatz zur Erde, kein nennenswertes
Magnetfeld und somit auch keinen Eisenkern in seinem Zentrum
besitzt. Die mittlere Dichte des Mondes ist deshalb auch wesentlich
geringer als die der Erde.

Wenngleich die Untersuchungsergebnisse keine direkte Antwort
auf die Frage nach der Mondentstehung liefern, so widerlegen sie
zumindest einige alte Theorien zur Entstehung des Mondes. Der
Mond ist mit hoher Wahrscheinlichkeit kein kosmischer Vagabund,
der von der Erde eingefangen wurde. Ebenso wenig sind Erde und
Mond »Geschwister«, die zur selben Zeit aus der gleichen Urmaterie
entstanden sind. Eher unwahrscheinlich – wenn auch nicht wirklich
zu widerlegen – ist auch eine dritte These: dass sich der Mond in der
ersten, noch glutflüssigen Phase der Erde von ihr abgespalten hat.
Ursache für eine solche Abspaltung könnte die Bildung des Eisen-
kerns im Innern der jungen Erde gewesen sein, wodurch sich die Eigendrehung erhöht hätte. Als Folge davon hätte sich die Erdkugel an
den Polen stark abgeplattet, wodurch sich Teile aufgrund der erhöh-
ten Fliehkraft ablösten und später zur Mondkugel zusammenballten.

Diese Theorie wird auch weiterhin von etlichen Astrophysikern
bevorzugt. Doch der überwiegende Teil der Wissenschaftler neigt
mehr zu der Theorie, dass der Mond aus einem Zusammenstoß der
jungen, noch glutflüssigen Erde mit einem anderen großen Himmelskörper hervorging. In Computer-Simulationstests konnte diese
These ziemlich gut bestätigt werden, was aber trotzdem noch kein
Beweis für ihre Richtigkeit ist. Nach diesem Modell stieß ein erd-
nahes Objekt von etwa Marsgröße mit der Erdkugel zusammen,
ohne sie allerdings voll zu treffen. Das muss in der Endphase der
Zusammenballung der Erde geschehen sein. Beim Einschlag auf die
Erde zerbrach der aufprallende Himmelskörper. Während große Teile
von ihm auf verschiedenen Bahnen um die Erde buchstäblich ver-
dampften – der Zusammenstoß setzte nämlich unvorstellbare Energiemengen frei –, blieb sein vermutlich eisenhaltiger Kern auf der

Erde zurück und verband sich später größtenteils mit dem Eisenkern der Erde. Aus dem leichten Mantelgestein des abgestürzten Himmelskörpers und aus Gestein, das aus der Erdoberfläche herausgerissen wurde, entstand eine riesige Ansammlung von Gas, Staub und Gesteinstrümmern, die sich nach und nach zum Erdmond formten.

Die Computerberechnungen ergaben, dass das Gesteinsmaterial bei dem Zusammenstoß sehr weit von der Erde fortgeschleudert werden musste, damit sich überhaupt ein Mond bilden konnte. Staub und Materiebrocken, die weniger als 20 000 Kilometer von der Erde entfernt waren, konnten sich wegen der Anziehungskraft der Erde nicht zu einem größeren Körper zusammenfügen. Diese »verbotene Zone« hat schon vor hundertfünfzig Jahren der französische Astronom Edouard Roche mittels Berechnungen herausgefunden. Teilchen innerhalb dieses Roche-Gebiets wären demnach wieder auf die Erde herabgefallen. Doch jene Materieteile, die durch die Wucht des Zusammenstoßes über die Roche-Grenze hinausgeschleudert wurden, konnten sich im Lauf von Millionen Jahren zusammenfügen und den Mond bilden. Erstaunlicherweise bildete sich nach Berechnungen des Computers ein solcher Mond nur knapp jenseits der Roche-Grenze, also in einer Entfernung zwischen 20 000 und 30 000 Kilometern von der Erde. Nun ist aber der wirkliche Mond durchschnittlich 380 000 Kilometer von der Erde entfernt. Er muss also im Lauf der Jahrmilliarden weggewandert sein. Tatsächlich zeigen moderne Messungen, dass sich der Mond pro Jahr um vier Zentimeter von der Erde entfernt.

Schwierigkeiten machen vorerst noch zwei andere Ergebnisse der Computerberechnungen: In fast allen untersuchten Fällen waren die Computer-Monde wesentlich kleiner als der echte Mond. Bei den Berechnungen, die einen entsprechend großen Mond hervorbrachten, entstand stets noch ein zweiter, kleinerer Trabant. Vielleicht gab es einen solchen auch in früher Zeit. Aus einem rätselhaften Grund ist er der Erde abhanden gekommen. Einleuchtender ist allerdings, dass auch ein Supercomputer nur so genau rechnen kann, wie die Daten sind, die man ihm eingibt. Die sind aber vorerst noch ziemlich ungenau; man weiß über die komplizierten Vorgänge in kosmischen Staubwolken noch viel zu wenig.

Alle wissenschaftlichen Thesen kennzeichnet, dass sie ihre

Schwachstellen und Lücken haben. Vor allem müsste natürlich ein so gewaltiger Zusammenstoß irgendwelche Spuren auf der Erde hinterlassen haben, die auch nach Milliarden Jahren noch sichtbar oder messbar wären. Der errechnete Temperaturanstieg, der durch den Zusammenstoß erfolgte und mehrere tausend Grad betrug, hätte die Erdoberfläche mit einem Meer von flüssigem Gestein überziehen müssen, aus dem sich später bestimmte Mineralien hätten auskristallisieren müssen. Dazu kam es offenbar aber nicht oder die Spuren solcher Mineralien sind in dieser langen Zeit doch verwischt worden.

Wie dem auch sei, das Wesentliche an solchen Modellrechnungen besteht darin, die Möglichkeit einer Mondentstehung aus Teilen der Erde zu untermauern. Und diese Möglichkeit ist heute unter den Astrophysikern weitgehend akzeptiert.

Neue Erkenntnisse zur Entstehungsgeschichte des Mondes – und des ganzen Sonnensystems – erhofft man sich von der sensationellen Entdeckung, die die Raumsonde Lunar Prospector unlängst gemacht hat: Auf dem Mond gibt es Wassereis. Das hatten die Mondexperten schon seit langem vermutet, doch jetzt hat man Gewissheit: Auf dem Erdtrabanten lagern schätzungsweise 330 Millionen Tonnen Wasser, und zwar in tiefen Senken an den Polen, in die niemals ein Sonnenstrahl gelangt.

Das Aitken-Becken am Mond-Südpol, zweitausend Kilometer im Durchmesser und fünf Kilometer tief, ist solch eine lunare Tiefkühltruhe. Dort herrschen stets Temperaturen von etwa −200 Grad Celsius. Das Eis stammt vermutlich von einem heftigen Hagel wasserreicher Kometen-Kerne, der vor vier Milliarden Jahren auf den jungen Mond niederging. Weil es seit dieser unvorstellbar langen Zeit unverändert auf den Mondpolen lagert, könnte eine genaue Untersuchung ganz neue Erkenntnisse über die Frühphase unseres Sonnensystems und die Entstehung des Mondes liefern. Dazu müssten aber Eisproben im Labor untersucht werden. Deshalb plant die Europäische Weltraumagentur (ESA) für das Jahr 2001 die Landung einer unbemannten Kapsel am Südpol des Monds, um von dort Eisproben zur Erde zu bringen.

Die Entstehung des Lebens – ein zweiter Urknall

So geordnet und störungsfrei, wie sich unser Sonnensystem heutzutage darstellt, war es nicht immer. Auch hier, wie im ganzen Kosmos, ging die Ordnung ganz langsam aus dem Chaos hervor. Hin und wieder geschieht ja auch heute noch Unvorhergesehenes in unserem Sonnensystem, etwa Meteoriteneinschläge auf den Planeten oder Zusammenstöße von Kometen mit Planeten. Auch ein Zusammenstoß der Erde mit einem Kometen oder größeren Asteroiden ist nicht für alle Zukunft auszuschließen.

Ein Planetensystem hat etwas ungemein Faszinierendes: diese kleinen Bälle, die, wie von einer geheimnisvollen Kraft angestoßen, um eine große, strahlend helle Zentralkugel kreisen. Man kann sich nur schwer vorstellen, dass dieses perfekte kosmische Billardspiel aus einer chaotischen Gas- und Staubwolke hervorgegangen sein soll. Da kommt es einem fast noch einleuchtender vor, dass eine göttliche Hand sie formte und jeder einen göttlichen Stoß versetzte, der sie für immer in eine stabile Bahn um die Sonne führte. Merkwürdig erscheint auch die Kraft, mit der es die Sonne vermag, über so große Entfernungen die Planetenkugeln im festen Griff zu halten. Diese Macht der Massenanziehung wird einem erst richtig bewusst, wenn man sich die Sonne und ihre kreisenden Planeten als handliche Bälle und winzige Kügelchen vorstellt. Angenommen, die Sonne hätte die Größe einer Orange, dann wäre die Erde ein millimeterkleines Sandkorn, das einmal pro Jahr im Abstand von zehn Metern um die Orange kreist. Jupiter und Saturn wären so groß wie etwas zu klein geratene Kirschen. Sie würden in fünfzig beziehungsweise hundert Meter Entfernung die Orange umrunden und dafür elf beziehungsweise dreißig Jahre benötigen. Uranus und Neptun hätten die Größe von Erbsen und wären zweihundert beziehungsweise dreihundert Meter von der Orange weg; sie benötigten vierundachtzig beziehungsweise einhundertfünfundsechzig Jahre für eine Umrundung der Orange. Ganz weit draußen, nämlich mehr als vierhundert Meter von der Orange entfernt, bewegte sich noch ein winziges Körnchen – gerade mal ein sechstel Millimeter groß – in zweihundertfünfzig Jahren einmal um die Orange. Pluto, dieser äußerste Planet, bekäme vom Licht der Orange fast nichts mehr ab.

Die Entstehung und das reibungslose Funktionieren unseres Sonnensystems mag einem seltsam erscheinen, aber noch unfassbarer ist die Tatsache, dass auf einem dieser kreisenden Sandkörner oder einer dieser Kirschen und Erbsen ein Prozess stattfand, der alle Rätsel des Universums – vom Urknall einmal abgesehen – an Rätselhaftigkeit übertrifft: die Entwicklung von Leben. Das kommt einem Wunder gleich. Es erscheint wie eine Art zweiter Urknall.

Dieser Urknall des Lebens fand nur auf einem der neun Planeten statt. Die Erde muss somit Eigenschaften besitzen, die die anderen Planeten und Monde unseres Sonnensystems nicht aufweisen. Dass die großen Gasplaneten für die Entstehung von Leben wenig geeignet sind, leuchtet sofort ein: Sie bestehen fast ausschließlich aus Wasserstoff und Helium, wobei noch geringe Anteile von Ammoniak, Methan und anderen chemischen Verbindungen hinzukommen. Nur in ihrem Zentrum besitzen sie vermutlich einen festen, aber sehr heißen Kern. Davon abgesehen wären allein schon die Temperaturen, die auf den Riesenplaneten herrschen, selbst für die Entstehung einfachster Lebensformen ungeeignet. Sie liegen im Bereich von −190 bis −120 Grad Celsius. Bei Uranus und Neptun liegen die Temperaturen sogar unter −200 Grad Celsius. Sie sind viel zu weit von der Sonne weg, um von ihr noch nennenswerte Wärme zu erhalten. Bei Temperaturen, die wesentlich unter null Grad Celsius liegen, verlangsamen sich die biochemischen Reaktionen so sehr, dass sich kein Leben entfalten kann. Leben ist auf reichlich Wärmezufuhr angewiesen. Über Pluto muss man in diesem Zusammenhang gar nicht erst reden; auf ihm herrschen Temperaturen von weniger als −220 Grad Celsius.

Bleiben also noch die inneren, erdähnlichen Planeten. Bei den sonnennächsten Planeten Merkur und Venus ist nicht die Kälte das Problem, sondern die Hitze, die auf ihren Oberflächen herrscht. Merkur, der wie unser Mond keine Atmosphäre besitzt, erreicht am Tag Temperaturen von 400 Grad Celsius, während er in der Merkurnacht auf −170 Grad Celsius abkühlt. Wegen seiner großen Nähe zur Sonne war es diesem kleinen Planeten nicht möglich, eine Atmosphäre auszubilden und festzuhalten. Selbst wenn er sie ausgebildet hätte, wäre sie in der Hitze der Sonne sofort wieder verdampft. Umso überraschender war die Entdeckung von Wassereis auf Merkur im Jahr 1992. Zuerst ging man von einem Beobachtungsfehler aus, doch genauere Messungen zeigten, dass das Eis im Innern großer Krater liegen musste, wo niemals ein Sonnenstrahl hinkommt und die Temperaturen stets unter −200 Grad Celsius liegen.

Venus besitzt im Gegensatz zu Merkur eine äußerst dichte Atmosphäre, was auf ihrer Oberfläche zu einem geradezu höllischen Treibhauseffekt mit Temperaturen bis zu 500 Grad Celsius geführt hat. Auf der Venus ist also Leben ebenfalls undenkbar, nicht zuletzt auch deshalb, weil Wasser auf der Venus mit Sicherheit nicht vorkommt. Die Venusatmosphäre ist staubtrocken; es regnet dort bestenfalls Schwefelsäure.

Bleibt der Mars, unser äußerer Nachbarplanet. Von allen Planeten unseres Sonnensystems kommt Mars, neben der Erde, als belebter Planet noch am ehesten in Frage, wobei mit »belebt« im besten Falle die Existenz winziger Organismen, etwa Bakterien, gemeint ist. Solche einfachen Organismen konnte man bis heute, trotz zahlreicher Marsexpeditionen, nicht nachweisen. Von den atmosphärischen Bedingungen auf dem Mars her sind selbst einfachste Lebensformen auf seiner Oberfläche äußerst unwahrscheinlich. Am Tag erreichen die Marstemperaturen zwar angenehme Werte bis 20 Grad Celsius, doch nachts sinken sie weit unter den Gefrierpunkt und erreichen gegen Morgen eisige −80 Grad Celsius. Der von staubigen Orkanen umtoste Planet, dessen extrem dünne Atmosphäre zu 95 Prozent aus Kohlendioxid besteht, weist nur geringe Spuren von Sauerstoff und Wasserdampf auf. Für die Existenz von Leben sind das viel zu schlechte Grundbedingungen. Hinzu kommt, dass die intensive UV-Strahlung auf dem Mars jedes Leben schon im Keim vernichten würde, falls es nicht geschützt, etwa unter der Marsoberfläche, existierte. Das UV-Licht kann wegen der dünnen Atmosphäre fast ungehindert bis zur Marsoberfläche durchdringen.

Das heißt freilich nicht, dass auf dem Mars früher nicht günstigere Bedingungen für die Entstehung von Leben geherrscht haben könnten. Die Marsforscher gehen davon aus, dass vor Milliarden Jahren die Marsatmosphäre wesentlich dichter gewesen ist. Vor allem muss sie auch sehr viel mehr Kohlendioxid enthalten haben als heute. Nur so konnte die Temperatur auf dem Mars durch einen Treibhauseffekt auch nachts über dem Gefrierpunkt gehalten werden. Dass der Mars sich irgendwann vollkommen anders weiterentwickelt hat als die Erde, liegt an seiner geringeren Größe. Ihm fällt es dadurch schwerer, eine dichte Gashülle mittels Schwerkraft an sich zu binden. Und noch etwas anderes kommt hinzu: Auf der Erde befindet sich das Kohlendioxid in einem ständigen Kreislauf. Es wird durch den Regen aus der Atmosphäre gelöst und gelangt in den Boden und in die Meere, wo es in so genanntem Carbonatgestein chemisch gebunden wird. Unter hohem Druck und hoher Temperatur, wie sie in den vulkanischen Schichten der Erdoberfläche herrschen, gast das im Gestein gebundene CO_2 wieder aus und gelangt erneut in die Erdatmosphäre. Auf dem Mars hingegen ist dieser Kreislauf schon vor Milliarden Jahren zusammengebrochen. Denn der Mars kühlte, weil er wesentlich kleiner ist, viel schneller aus als die Erde, sodass das CO_2 im Marsboden eingelagert blieb. Die ohnehin dünnere Atmosphäre dünnte immer weiter aus. Der Rote Planet entwickelte sich zu einer öden, lebensfeindlichen Steinwüste.

Der Mars ist ein sterbender Planet

Allein schon die Rotfärbung des Marsgesteins lässt darauf schließen, dass es in der Frühzeit dieses Planeten reichlich Wasser auf ihm gegeben haben muss. Das Rote im Gestein ist Eisenoxid, also nichts anderes als Rost. Der Mars ist ein rostiger Planet. Schätzungen besagen, dass es noch vor etwa 3,8 Milliarden Jahren Flüsse und Meere auf dem Mars gegeben haben muss. Das passt sehr gut zu der Tatsache, dass auch auf der Erde vor etwa 3,8 Milliarden Jahren die ersten Kleinstlebewesen – heutigen Blaualgen ähnlich – im Wasser entstanden sind. Ob es ähnliche lebende Organismen damals auch auf dem Mars gegeben hat, ist weiterhin unklar, obwohl 1996 in einem Marsmeteoriten, den man in der Antarktis fand, winzige Versteinerungen von bakterienähnlichen Lebewesen gefunden wurden. Die hätten sich auf dem Mars nur dann entwickeln können, wenn es dort früher Wasser gab. Einige Wissenschaftler hatten allerdings von Anfang an bezweifelt, dass es sich hierbei wirklich um fossile Marsbakterien handelt. Und ihre Zweifel waren berechtigt. Inzwischen weiß man, dass die Aufsehen erregende Theorie von den Marsmikroben falsch war. Im Januar 1998 berichteten zwei amerikanische Forschergruppen, dass die organischen Spuren in dem Marsmeteoriten irdischen Ursprungs sind, also erst nach dessen Aufprall auf der Erde in ihn eingedrungen sind.

Auch die Untersuchungen, die die Marssonde Pathfinder mit ihrem kleinen Gefährt Sojourner im Sommer 1997 auf dem Mars unternahm, konnten keinen sicheren Nachweis von Wasser auf diesem Planeten liefern. Die Gesteinsbrocken, die Sojourner untersuchte, sind entweder vulkanischen Ursprungs oder aber Gestein, das sich einst in Wasser abgelagert hat und im Lauf von Jahrmilliarden in tiefere Schichten gelangte, wo es sich bei hoher Temperatur und hohem Druck verfestigte. Erst viel später wäre es dann wieder an die Oberfläche gelangt. Um aber die eine oder andere dieser Thesen endgültig zu festigen, müsste man die Gesteinsproben im Bereich von zehntel oder hundertstel Millimeter untersuchen, wozu Sojourner nicht in der Lage war. Es gibt allerdings doch noch einen indirekten Hinweis auf die Existenz von Marswasser in früherer Zeit: Die Fotos, die Sojourner von der näheren Umgebung der Landestelle machte, zeigen, dass die meisten der verstreut herumliegenden Gesteinsbrocken und Felsen in eine bestimmte Richtung geneigt sind und rundlich abgeschliffen aussehen. Das lässt auf die Einwirkung eines reißenden Flusses schließen, der vor Milliarden Jahren dort geflossen sein könnte. Allerdings sprechen gegen diese These wiederum einige äußerst scharfkantig aussehende Felsen. Doch auch dafür haben die NASA-Forscher eine Erklärung: Man hat in unmittelbarer Nähe von Pathfinder zwei kleinere Krater ausgemacht, die vermutlich durch Meteoriteneinschlag entstanden sind. Dabei wurden Steine aus dem Marsboden herausgeschleudert. Wenn sich diese Einschläge zu einer Zeit ereignet hätten, als schon längst kein Wasser mehr auf dem Mars geflossen ist, dann hätten diese Gesteinsbrocken auch nicht mehr vom Wasser abgeschliffen werden können.

Falls es einmal Wasser auf dem Mars gegeben hat, dann stellt sich natürlich die Frage, wo es geblieben ist. Darauf gibt es eigentlich nur eine Antwort: Es ist noch immer auf dem Mars. Nur sieht man es nicht. Es muss in gefrorenem Zustand tief unter der Oberfläche des Planeten lagern. Aber auch das ist nur eine These, nicht mehr und nicht weniger. Die endgültige Lösung dieses Marsrätsels – und vieler anderer – liegt noch in weiter Ferne. Allein für die vollständige Auswertung der Messdaten von Sojourner wird man Jahre benötigen.

Die jüngsten Messungen der amerikanischen Marssonde Global Surveyor, die im September 1997 den Mars erreichte und ihn seitdem in einer Kreisbahn umrundet, lassen darauf schließen, dass Mars ein »sterbender« Planet oder – geophysikalisch betrachtet – bereits tot ist. Die Sonde hat beim Mars, wie erwartet, nur ein schwaches Magnetfeld ausgemacht, was auf einen stark abgekühlten Kern hinweist. Das würde bedeuten, dass zumindest heute kein Leben auf diesem Planeten mehr möglich ist – falls es jemals Leben gegeben haben sollte. Ein Magnetfeld als unsichtbarer Schutzmantel ist eine Grundbedingung für Leben; es hält den tödlichen Sonnenwind ab.

Doch Mars ist nicht mehr der einzige Himmelskörper in unserem Sonnensystem, der außer der Erde noch Leben bergen könnte. Jüngste Beobachtungen der Raumsonde Galileo, die den Jupitermond Europa erforscht, weisen darauf hin, dass auch dort Wasser – und damit die Möglichkeit für Leben – existieren könnte. Europa ist der kleinste der vier großen Jupitermonde, er ist etwa so groß wie der Erdmond.

Galileo entdeckte Spuren von Magnesiumsulfat, das auf der Erde, neben anderen Salzen, beim Verdunsten von Wasser zurückbleibt. Der Fund könnte bedeuten, dass vulkanische Vorgänge im Innern des Jupitermondes salzreiches Wasser an dessen Oberfläche gepresst haben. Das Wasser könnte noch heute unter der Oberfläche von Europa vorkommen. Falls diese Beobachtungen durch weitere Messungen bestätigt würden, wären sie sensationeller als die bisherigen Marsbeobachtungen zusammen.

Die Galaxien sind voll mit Bausteinen für Leben

Eins scheint ziemlich gewiss: Urformen von Leben entstehen im Kosmos sehr schnell, sobald es die Verhältnisse eines Planeten zulassen. Eine Grundvoraussetzung für die Entwicklung von Leben ist Wasser, dieses einfache, aus zwei Elementen aufgebaute Molekül. Es bildet sich ganz von selbst in der Kälte des interstellaren Raums aus den Materiepartikeln explodierter Sterne. Aber nicht nur einfache Moleküle wie Wasser entstehen im Weltraum, sondern auch jede Menge kompliziert aufgebauter Moleküle. Dabei handelt es sich vornehmlich um Kohlenwasserstoffverbindungen, aus denen letztlich auch wir Menschen uns zusammensetzen. Diese interstellaren Moleküle sind vor allem in den dichten Gas- und Staubwolken zu finden, die als regelrechte Sternentstehungsnester zu bezeichnen sind. Grundbausteine für die Entstehung von Leben fliegen also frei im Kosmos herum. Hunderte verschiedene Molekülarten hat man in interstellarer Materie schon nachweisen können, neben Wasser (H_2O) zum Beispiel auch Blausäure (HCN), Schwefelwasserstoff (H_2S), Ammoniak (NH_3), Formaldehyd (HCHO), Ameisensäure (HCOOH), dazu noch verschiedene Alkoholarten.

Diese Eigenschaft der Materie, aus Atomen größere Einheiten, nämlich Moleküle, zu bilden, ist also keineswegs auf die Erde oder andere Planeten beschränkt. Das Universum ist mit solchen Bausteinen für Leben geradezu übersät. Sie müssen nur auf »fruchtbaren Boden« fallen. Der Boden ist in diesem Fall aber flüssiger Natur: nämlich Wasser. Allerdings war Wasser nicht von Anbeginn auf der Erde oder dem Mars vorhanden. Dazu waren die Planeten kurz nach ihrer Entstehung noch viel zu heiß. Die Erde war vollständig mit rot glühender Lava, also mit flüssigem Gestein, überzogen. Es kam unablässig aus dem brodelnden Erdinnern nach oben. Über lange Zeit konnte die Erdoberfläche auch nicht abkühlen, weil ein pausenloses Bombardement von Meteoriten und Kleinplaneten auf sie niederging. Die flogen nämlich damals noch sehr zahlreich im jungen Sonnensystem herum. Die Einschläge setzten ungeheure Energiemengen frei. Hinzu kam die Hitze aus dem glühenden Erdinnern, die auch heute noch durch den festen Erdmantel hindurch nach außen abstrahlt.

Das glutflüssige Gestein verströmte über Jahrmillionen gewaltige Gasmengen, die die Erde schützend einhüllten. Sie strömten nicht ins All ab, da sie von der Erdanziehung festgehalten wurden. Diese Uratmosphäre war hundertmal dichter als die heutige.

Die Größe der Erde – und ihre Entfernung von der Sonne – ist somit eine entscheidende Voraussetzung für die Entwicklung von Leben auf ihr. Weder in der Größe eines Planeten noch in seiner mittleren Entfernung vom Zentralgestirn scheint es größere Spielräume zu geben, wenn Leben entstehen soll.

Die Uratmosphäre der Erde bestand vor allem aus Wasserstoff, Ammoniak, Methan, Wasserdampf und Kohlensäure. Für die Entwicklung von Leben ist dieses wahrhaft höllische Gebräu äußerst ungeeignet. Die Rohstoffe für Leben, nämlich Aminosäuren und so genannte Nukleotide, sind demnach nicht in dieser lebensfeindlichen Uratmosphäre, sondern anderswo entstanden.

Aus den Aminosäuren gingen später die Eiweißmoleküle hervor, aus den Nukleotiden die Erbmoleküle, also die Bausteine der Gene. Allein schon die ultraviolette Strahlung der Sonne und die gewaltigen elektrischen Entladungen, die ständig in der Uratmosphäre stattfanden, hätten die Bildung von Eiweißmolekülen und Erbmolekülen verhindert.

Leben kann nur im Wasser entstanden sein

Leben konnte nur im Wasser entstehen. Das Wasser spielte eine Art Vermittlerrolle für den Start der Lebensentwicklung. Indem die Erde mehr und mehr abkühlte, weil das Meteoritenbombardement immer schwächer wurde, kondensierte der Wasserdampf in der Uratmosphäre. Gewaltige Wolkenbrüche überschwemmten die Erde in Jahrmillionen und bildeten die Urozeane. Auch dürften Kometen, die auf die Erde fielen, ihren Anteil an der Bildung der Meere geleistet haben. Kometen bestehen ja hauptsächlich aus Wasser. Doch all das ist nur Theorie, für deren Richtigkeit es vorerst so gut wie keine wissenschaftlichen Beweise gibt. Kein Wissenschaftler zweifelt allerdings daran, dass das Wasser eine zentrale Rolle bei der Entwicklung des Lebens gespielt hat. Aufgrund seiner großen Lösungsfähigkeit ist Wasser in der Lage, unzählige Moleküle aufzunehmen; es ist der ideale Ort für die Begegnung und Verbindung von Molekülen. Zudem schützt es die Moleküle vor schädlichen energetischen Wirkungen. In dieser günstigen Umwelt des Wassers können sich die einfachen Moleküle aus der Uratmosphäre zu immer größeren Molekülverbindungen zusammenschließen. Über die Dauer von mehreren hundert Millionen Jahren werden immer höhere Stufen der Molekülleiter erklommen. Die mehr als zwanzig Arten von Aminosäuren, die sehr bald entstehen, setzen sich bereits aus dreißig Atomen zusammen. Ähnliches gilt für die entstehenden Nukleinsäuren, auch Nukleotide genannt.

Bis zu diesem Punkt der Lebensentwicklung sind sich die Forscher weitgehend einig. Dann aber gehen die Theorien weit auseinander. Nach einer älteren Theorie könnten sich die Moleküle der Nukleinsäuren auf nährenden Lehmschichten in den Lagunen des Urozeans zu langen Ketten zusammengeschlossen haben, zu so genannten Erbmolekülketten. Diese stellten die chemischen Baupläne für alle späteren Lebewesen dar. Die Ketten der Erbmoleküle waren dann in der Lage, sich zu vermehren, indem sie Kopien von sich selbst herstellten. Auch den Aminosäuren gelang es, auf dem lehmigen Nährboden eigene lange Ketten zu bilden: die Eiweißmoleküle.

Irgendwann lagerten sich die Eiweißmoleküle an die Erbmolekülketten. Solche Anlagerungsprozesse benötigen jedoch Energie. Die war zwar in Form von Sonnenlicht reichlich vorhanden, aber leider viel zu aggressiv. Darüber hinaus dürfte der Urozean alles andere als eine sanft schaukelnde Wiege des Lebens gewesen sein, in der sich das Leben hätte ruhig entwickeln können. Denn auch zu diesem Zeitpunkt der frühen Erdgeschichte gingen noch immer zahllose Kleinplaneten auf die Erde nieder und wühlten die Meere auf.

Genau an dem Punkt setzen auch die Gegner dieses Modells mit ihrer Kritik an. Ihnen ist die Theorie viel zu kompliziert. Dass sich die ersten Einzeller ganz von selbst im Wasser aus Eiweiß-, Fett- und Erbmolekülen zusammengefügt haben sollen, kommt ihnen wie ein

Wunderglaube vor. Das sei, so spottete ein Kritiker, »ungefähr so wahrscheinlich wie der zufällige Zusammenbau eines zerschellten Jumbojets, wenn ein Sturm über die Trümmer fegt«.

So bemühen sich Biochemiker seit Jahrzehnten in ihren Labors, aus Fett, Eiweiß und Erbmolekülen künstliche Einzeller herzustellen – bislang ohne Erfolg. Trotzdem klärt sich langsam das Bild von der Entstehung erster Lebensformen auf der Erde. Immer weiter stößt man in die Grauzone zwischen toter Materie und lebendigen Organismen vor. Der Übergang war höchstwahrscheinlich kein plötzlicher, sondern ein Gestaltungsprozess, der sich über Milliarden Jahre hinzog.

Heftig diskutiert wird seit vielen Jahren die Theorie eines Münchner Privatgelehrten, die wegen ihrer Einfachheit im Gegensatz zur komplizierten Ursuppen-Lehmschicht-Theorie verblüfft. Nach dieser »bayerischen« Theorie stünde der Schwefel am Anfang aller Kreatur, und zwar Schwefel, wie er noch heute aus Mineralien speienden vulkanischen Schloten auf dem Meeresgrund hervorquillt. Der Schwefel verbindet sich mit Wasserstoff zu Schwefelwasserstoff (H_2S), einem nach faulen Eiern riechenden Gas. Gleichzeitig verbindet er sich auch mit Eisen zu metallisch grauem Eisensulfid (FeS). Bei Temperaturen von etwa hundert Grad Celsius, also auch im kochend heißen Wasser in der Nähe der Vulkanschlote, bilden sich aus Schwefelwasserstoff und Eisensulfid so genannte Pyrit-Kristalle unter Freisetzung von Wasserstoff und Energie. Dieses Pyrit, im Volksmund auch »Katzengold« genannt, könnte der Theorie zufolge als Nährboden für die Entstehung organischer Bausteine gedient haben. Das aus einem Eisen- und zwei Schwefelatomen bestehende Pyrit soll die Leben spendende Energiequelle für das Wachstum von immer komplizierteren Biomolekülen auf seiner Oberfläche gewesen sein.

Damit wäre es für die ersten, am Pyrit sich bildenden Lebensformen möglich gewesen, sich selbst mit Energie zu versorgen, und zwar gleichmäßig und dauerhaft. Eine der wichtigsten chemischen Reaktionen, die auf der Pyritoberfläche stattgefunden haben, war die so genannte Kohlenstoff-Fixierung, das heißt die Bildung einfacher Kohlenstoffverbindungen aus Kohlendioxid (CO_2). Ebenso könnten sich auf dem Pyrituntergrund mit der Zeit auch einige

Fettumhüllungen gebildet haben, die eine Ablösung der entstehenden Kohlenstoffverbindungen verhindert hätten. Unter diesen Schutzhüllen aus Fett hätte es dann zu weiteren wichtigen Reaktionen kommen können. Das Fett spielte ja auch in den älteren Theorien eine wichtige Rolle. Auch dort diente es als Schutzhülle für die entstandenen Eiweiß- und Erbmolekülketten. Fettmoleküle formen nämlich Hohlkugeln, wenn sie mit Wasser in Berührung kommen. Ob man solche Fettkugeln, mit Eiweiß- und Genmaterial in ihrem Innern, bereits als Leben bezeichnen kann, ist allerdings fraglich. Besser spricht man hier wohl vom Beginn der chemischen, nicht der biologischen Evolution. Diese Fettbläschen könnten aber Vorläufer der ersten Urzelle gewesen sein. Noch heute umgeben Häute aus solchen Fetten den Kern von Zellen.

Um »lebendig« zu werden, müssten sich diese in Fett gehüllten Moleküle irgendwann vom Pyrit abgelöst und »vermehrt« haben. Dieser Entwicklungsprozess aber dauerte mit Sicherheit Milliarden Jahre: Er ging unendlich langsam vor sich. Heute glaubt kein Forscher mehr an einen plötzlichen Übergang von toter zu lebendiger Materie. Es muss ein allmählicher, um nicht zu sagen »extrem allmählicher« Übergang gewesen sein.

Leben muss nicht auf die Erde beschränkt sein

Sollte diese Pyrit-Theorie richtig sein, so wäre die Wahrscheinlichkeit ziemlich groß, dass sich auch in anderen fernen Planetensystemen Leben entwickelt hat. Dazu wären dann nicht mehr ausgedehnte Urozeane nötig gewesen, sondern es hätte vulkanische Tätigkeit im Zusammenspiel mit »ein bisschen« Wasser genügt. Wie die einzellige Urform des Lebens sich anschließend weiterentwickelt und ob es irgendwann intelligente Lebensformen hervorbringt, ist eine andere Frage.

Inzwischen erhält die Pyrit-Theorie des Münchner Gelehrten auch international immer mehr Beachtung, nicht zuletzt wegen neuester Entdeckungen in Regionen der Tiefsee, wo Kontinentalplatten aneinander reiben. Diese Platten schwimmen auf dem glutflüssigen Erdinnern und sind verantwortlich für die Erdbeben, von denen die Erdoberfläche in Abständen erschüttert wird. Erdbeben sind also nichts anderes als das Aneinanderreiben der Kontinentalplatten. An den Reibungsstellen rund um den Globus herrscht starke vulkanische Tätigkeit. Dort, im absoluten Dunkel der Tiefsee, findet man eine fantastische, von fremdartigen Lebewesen bewohnte Welt, die noch vor zwanzig Jahren völlig unbekannt war: Blinde Riesenkrebse kriechen über den zerklüfteten Meeresboden aus erkalteter Lava, meterlange Rohrwürmer bewegen sich in der Strömung hin und her. Fast pausenlos quillt flüssige Lava aus dem Meeresboden und erstarrt sofort zu dunkelroten Gesteinsklumpen. Aus Schloten steigen Schwefelwolken auf; sie dienen Bakterien als Nahrung. Aber was das Wichtigste ist: Die Forscher brachten von dort eine goldschimmernde Fracht mit nach Hause – Pyrit. Eine handfestere Stütze der neuen Theorie über die Entstehung des Lebens ist kaum denkbar. Und noch etwas ist erstaunlich: Der genetische Stammbaum der vorgefundenen Einzeller reicht von allen Lebewesen, die wir auf der Erde kennen, zeitlich am weitesten zurück. Mit anderen Worten: Diese einfachsten Tiefsee-Lebewesen sind die urtümlichsten Geschöpfe, die heute noch auf der Erde leben.

Die Urzellen des Lebens waren, nach den gängigen Theorien, relativ früh auf der noch jungen und brodelnden Erde entstanden, nämlich vor etwa 3,8 Milliarden Jahren. Also nicht mal eine Milliarde Jahre waren dafür nötig, nachdem die Erde sich zu einer glühenden Kugel zusammengeballt hatte. Doch die Entwicklung stoppte sofort nach diesem »rasanten« Start – so als wären der Natur gleich wieder die Ideen ausgegangen. Die Einzeller, etwa Grün- und Blaualgen, die äußerlich von den Urzellen kaum zu unterscheiden sind, entstanden erst etwa zweieinhalb Milliarden Jahre später. Während dieser unvorstellbar langen Zeit verharrte das Leben in seiner primitiven einzelligen Urform, als wüsste es nicht, wie es weitermachen sollte.

Bis dann endlich Einzeller verschiedenen Geschlechts auftauchten, mussten fast wieder eine Milliarde Jahre vergehen. Damit aber hatte das Leben die Sexualität entdeckt, also die Möglichkeit, Erbgut auszutauschen. Die Sexualität versetzte der Entwicklung des Lebens einen gewaltigen Stoß nach vorn.

Die Entfaltung des Lebens
als Lotteriespiel

Indem die Einzeller anfingen, ihre Gene auszutauschen und zu vermischen, schufen sie eine plötzliche Fülle neuer Möglichkeiten. Das Leben begann gewissermaßen mit sich selbst zu spielen. Mehrzellige Lebewesen, zum Beispiel Würmer, tauchten auf; das war vor etwa einer Milliarde Jahren. Etwa fünfhundert Millionen Jahre später, zu Beginn des Kambriums, kam es zu einem regelrechten »Urknall« des Lebens. Die Natur schien auf einmal alles ausprobieren zu wollen, was zu diesem Zeitpunkt überhaupt auszuprobieren war. Innerhalb von nur fünf Millionen Jahren − einem Augenblick, gemessen an den Milliarden Jahren, die schon vergangen waren − ging eine wahre Explosion des vielzelligen Lebens über die Erde hinweg. In atemberaubendem Tempo entstanden Lebewesen, deren Versteinerungen wir heute noch bewundern können. Doch so schnell, wie sie entstanden waren, so schnell verschwanden sie auch wieder. Viele von ihnen muten uns an wie Lebewesen von einem anderen Stern. Praktisch mit einem Schlag waren alle vier Hauptgruppen neuzeitlicher Tiere auf die Bühne des Lebens getreten: die Gliederfüßer, zu denen die Insekten und Tausendfüßer gehören, dann die Krustentiere, zu denen die Krebse und Garnelen gehören, dann die Spinnentiere und schließlich die ausgestorbenen Trilobiten, von denen es heute noch viele schöne Versteinerungen gibt.

Doch der weitaus größte Teil der damals entstandenen Lebewesen lässt sich diesen vier Grundbauplänen der wirbellosen Tiere nicht zuordnen. Sie muss man deshalb als eigene Tierstämme betrachten, die von der Evolution sehr schnell wieder zum Untergang bestimmt wurden. Von ihnen gibt es heute keinen einzigen Vertreter mehr. Diese Tiere, die von der Natur entwickelt wurden, um sogleich wieder fallen gelassen zu werden, sehen ziemlich seltsam aus. Da war zum Beispiel ein Kriechtier namens Wiwaxia, das aussah wie eine Artischocke mit Maul und Fangarmen. Oder Opabinia, ein asselartiges Tier mit fünf Augen, einem mächtigen, staubsaugerartigen Rüssel, der in einer Beißschere endet, und einer Art Schwanz, der aus

Opabinia

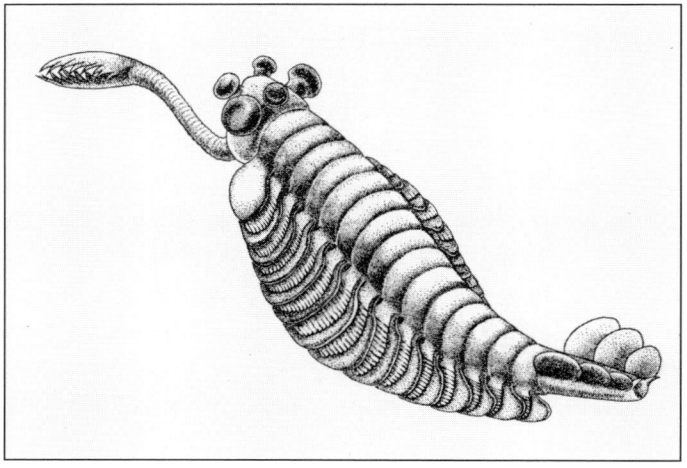

Zu erkennen sind der frontale Rüssel mit der Schere am Ende, die fünf Augen auf dem Kopf, die Rumpfsegmente mit oben liegenden Kiemen und das aus drei Segmenten gebildete Schwanzstück.

Hallucigenia

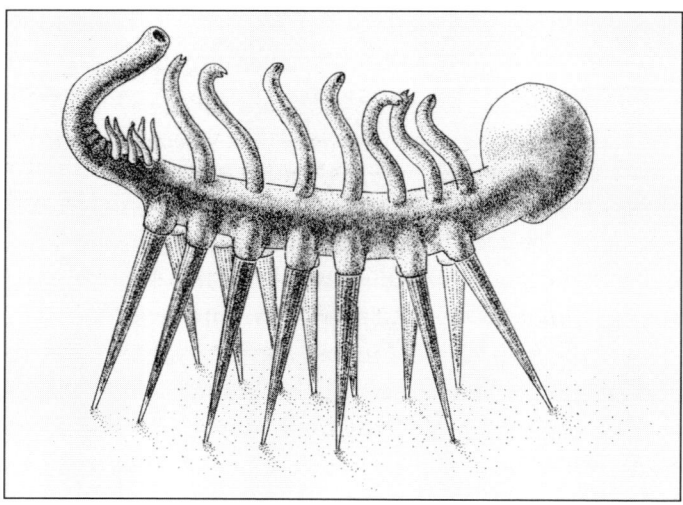

steht mit ihren sieben Paar Stelzen auf dem Meeresboden.

162

Wiwaxia

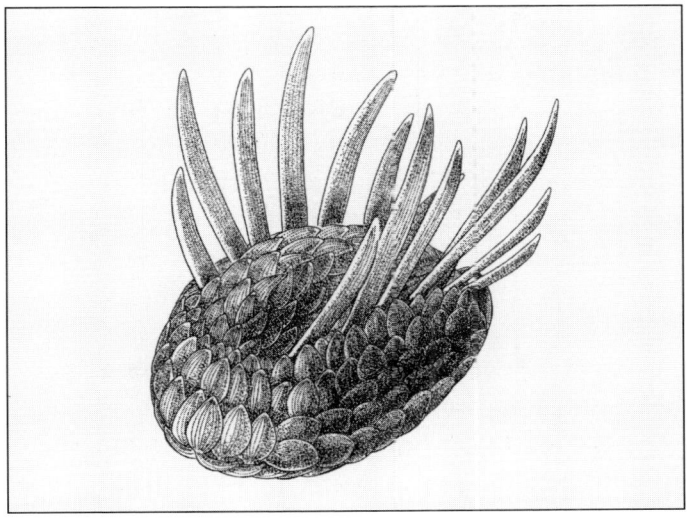

könnte etwa so über den Meeresboden gekrochen sein.

drei Paaren dünner, lappenartiger Schaufelblätter besteht. Und da war Hallucigenia, ein verrücktes Tier, bei dem man nur schwer sagen kann, wo vorn und hinten, wo oben und unten ist.

All diese wundersamen Tiere konnten entstehen und sich vermehren, weil sie ein Niemandsland vorfanden, von keinerlei natürlichen Feinden bedroht. Sie konnten sich an Bakterien und Algen satt fressen. Niemals wieder hat die Natur einen solchen Ideenreichtum hervorgebracht. Die nachfolgende Geschichte des Lebens ist dagegen eine Geschichte der massenhaften Beseitigung. Die Natur hat in ihrer kambrischen Frühphase mit einer ungeheuren Ideenvielfalt experimentiert, um später die entstandene Vielfalt wieder radikal zu verkleinern. Selbst wenn es heute mehr Arten auf der Erde gibt als jemals zuvor, sind doch die meisten dieser Arten nur Wiederholungen von wenigen Bauplänen, die im Kambrium entwickelt wurden.

Das goldene Zeitalter des Kambriums war nur von kurzer Dauer. Es endete, als sich einige der Tierarten mit Zähnen und Klauen bewaffneten und übereinander herfielen. Zu den Zähnen und Klauen kamen als Schützvorrichtungen Panzer und Schalen hinzu. Das Gemetzel, das unter den kambrischen Arten stattfand, war vermutlich das größte, das die Erde jemals gesehen hat. Die wenigsten Arten überlebten es.

Wie aber entschied sich, wer als Sieger aus diesem Krieg der Arten hervorging und wer als Verlierer verschwand? Weshalb musste zum Beispiel der Schrecken erregende, fast zwei Meter lange Anomalocaris untergehen, obwohl er mit zwei mächtigen Greifarmen ausgestattet war und sein Körper in einem riesigen kreisrunden Gebiss endete? Unter den damaligen Tierarten war er mit Abstand die größte und scheinbar allen anderen überlegen. Nach der Theorie von Charles Darwin, die besagt, dass in der Natur nur der Stärkere überlebt und der Schwächere untergeht, hätte Anomalocaris zu den Siegern gehören müssen. Aber das war nicht der Fall. Es sieht so aus, als wäre die Entfaltung des Lebens ein einziges großes Lotteriespiel gewesen, in dem allein der Zufall regierte. Es war reine Glückssache, welche Linien des Lebens weitergeführt und welche aufgegeben wurden.

Zufällig waren auch die gewaltigen Katastrophen, die immer wieder über die Erde hereinbrachen. So geht man davon aus, dass im so genannten Perm-Zeitalter, das heißt vor 225 Millionen Jahren, ein riesiger Meteorit auf die Erde stürzte und fast alles Leben, das noch weitgehend auf die Ozeane beschränkt war, ausgelöscht hat. Aber eben nur fast! Vermutlich 95 Prozent aller Arten wurden dabei vernichtet. Wäre dieser Meteorit nicht auf die Erde gefallen, hätte die weitere Entwicklung des Lebens auf der Erde ganz anders ausgesehen; sie hätte andere Bahnen eingeschlagen.

Aber längst – nämlich 200 Millionen Jahre vor der Perm-Katastrophe – hatten sich auch auf dem Lande Lebewesen entwickelt: erste Pflanzen, vor allem Farngewächse. Die Pflanzen verwandeln jedoch mithilfe des Sonnenlichts das in der Luft und im Wasser vorhandene Kohlendioxid (CO_2) in Zucker. Dabei geben sie Sauerstoff ab. Die Sauerstoffatome schließen sich in den höheren Schichten der Atmosphäre zu Dreiergruppen zusammen. So entsteht Ozon (O_3). Dieses bildet in der Atmosphäre eine Art Schutzschild, der die schädliche UV-Strahlung weitgehend abhält. Damit wird es den im Meer lebenden Tieren erstmals möglich, den schützenden Lebensraum Wasser zu verlassen und sich an Land auszubreiten.

So tauchten nach der Perm-Katastrophe, also vor etwa 200 Millionen Jahren, die ersten Lurche, Kriechtiere und Vögel auf. Nach und nach eroberten die Saurier die Herrschaft im Tierreich, um sie über hundert Millionen Jahre nicht mehr abzugeben. Vermutlich würden sie noch heute über die Erde stampfen, wäre nicht vor 65 Millionen Jahren ein weiterer gewaltiger Meteorit auf die Erde gestürzt. An die plötzliche globale Klimaveränderung, die dadurch hervorgerufen wurde, konnten sich diese Tierungetüme nicht anpassen. Das Klima war für sie viel zu kalt und so verschwanden sie von der Erde. Den frei gewordenen Platz konnte endlich eine andere Klasse von Wirbeltieren einnehmen, die bis dahin im Schatten der mächtigen Saurier nur in kleinen Nischen existierte und über die Größe von Ratten nicht hinausgekommen war: die Säugetierklasse.

Von da an wird ein Trend in der Natur bestimmend: hin zu einem immer größeren Gehirn und damit zu mehr Bewusstsein und Intelligenz. Mit dieser Entwicklung geht die Fähigkeit einher, immer umfangreichere Informationen untereinander auszutauschen. Am vorläufigen Ende dieser Entwicklung steht der Mensch. Dieses Lebewesen ist inzwischen so mächtig, dass es, wenn es wollte, alles Leben auf der Erde mit einem Schlag vernichten könnte.

Zufall Mensch?

Mag der Mensch auch noch so mächtig sein – man wird beim Betrachten der erdgeschichtlichen Entwicklung den Eindruck nicht los, dass auch er nur ein Ergebnis zahlloser Zufälle ist. Die Evolution des Lebens stellt keine logisch aufgebaute Leiter des geradlinigen Fortschritts dar, auf der ganz oben, als unvermeidlicher und krönender Abschluss, der Mensch steht. Vielleicht ist sie eine auf Zufälligkeiten beruhende Geschichte, die genauso gut auch anders hätte ablaufen können. Wir sind Günstlinge des Glücks, mehr nicht.

Diese Ansicht, falls sie richtig ist, rückte notgedrungen auch einen Schöpfergott in ein anderes Licht. Wenn der Mensch das höchste Anliegen des Schöpfers innerhalb seiner Schöpfung ist, so muss man doch darüber staunen, dass er der Entstehung des Menschen eine so endlos lange Kette von Zufällen hat vorausgehen lassen. Wäre in der Kreidezeit kein Riesenmeteorit auf die Erde gestürzt, der das Aussterben der Saurier bewirkte, hätten die Säugetiere niemals die Chance gehabt, sich als Tierklasse zu entfalten und irgendwann Affen, Delfine und Menschen hervorzubringen. Für die Säugetierklasse war diese planetarische Katastrophe ein Glücksfall; für die Saurier war sie vernichtend.

Aus Gründen, die uns noch weitgehend unbekannt sind, scheinen beim Massenaussterben kleine Tiere meist im Vorteil zu sein. Die Säugetiere der Kreidezeit waren klein. So war etwa das Urpferd Eohippus nur etwa so groß wie ein Fuchs. Doch die Säugetiere waren nicht deshalb klein geblieben, weil sie darin einen Vorteil für die große zukünftige Katastrophe gewittert hätten. Sie waren aus »Schwäche« klein geblieben. Die Saurier hielten die Lebensräume besetzt, die für große Säugetiere günstig gewesen wären.

Wäre der Meteorit um einiges größer gewesen, dann hätte er womöglich alles Leben auf der Erde vernichtet oder die Evolution so weit zurückgeworfen, dass sie wiederum Milliarden Jahre gebraucht hätte, um höhere Lebensformen hervorzubringen. Oder es wären bei einem anderen größeren oder kleineren Meteoriten andere Gewinner aus der Katastrophe hervorgegangen, zum Beispiel Insekten. Sie wären dann zur »Krone der Schöpfung« geworden und würden heute die Erde beherrschen.

Die planetarischen Katastrophen waren einzig vom Zufall bestimmt – von den zufälligen Bahnen zufälliger Meteoriten –, und so muss man davon ausgehen, dass andere Katastrophen oder auch das Ausbleiben von Katastrophen ganz andere Gewinner der Evolution hervorgebracht hätten. Wer Katastrophen überlebt, muss nicht notgedrungen auch in »normalen« Zeiten der Erfolgreiche sein. Die Verlierer der Evolution waren demnach nicht schwächer als die Gewinner, sie hatten einfach nur Pech gehabt. Denn alle jene Eigenschaften, die einem Tierstamm das Überleben nach der Katastrophe sicherten, waren ja nicht vorausschauend für diese Katastrophe entwickelt worden. Kein Tierstamm entwickelt Eigenschaften, die ihm vielleicht in Millionen Jahren nützlich sein könnten.

Gott, wenn ihm die Entstehung des Menschen wichtig war, muss sehr genau gewusst haben, welche Zufälle er buchstäblich auf die Erde zufallen ließ und welche nicht. Das »Lotteriespiel« des Lebens muss er auf das Feinste abgestimmt haben, damit es zum Menschen hinführt. Dann aber wäre es gar kein Lotteriespiel gewesen, sondern wahrhaft göttliche Berechnung, die freilich schon im Urknall alles festlegte, was danach im ganzen Universum und auf dem »Sandkorn« Erde passieren würde. Denn auch die Größe von Meteoriten und ihre Flugbahn ist letztlich schon im Urknall festgelegt worden – zumindest, wenn man davon ausgeht, dass Gott nach dem Urknall nicht mehr in den Fortgang der kosmischen Entwicklung eingegriffen hat.

Wozu ein ganzes Universum für ein einziges intelligentes Wesen?

Warum sollte sich aber ein Schöpfergott damit begnügen, nur *ein* intelligentes Lebewesen in seinem Universum zu haben? Wozu der Riesenaufwand von Milliarden Galaxien mit Milliarden Sternen, um dann nur auf einem winzigen Planeten intelligentes Leben hervorzubringen? Wir ganz allein im Universum? Das wäre eine ungeheure Platzverschwendung. Eine einzige Galaxie hätte dafür auch ausgereicht.

Es ist eigentlich nur die Religion, die die Einzigartigkeit des Menschen im Universum fordert. Weder die Philosophie noch die Naturwissenschaften fordern sie. Philosophie und Naturwissenschaften scheuen sich nicht vor der Frage, ob intelligentes Leben oder Leben überhaupt auf die Erde beschränkt sein muss. Schon bei oberflächlicher Betrachtung des Weltraums gewinnt man den Eindruck, als hätte es das Universum darauf angelegt, überall die Keime für Leben auszustreuen. Aus Sternenstaub bilden sich überall die Grundbausteine für Leben; überall schwirren sie im All herum, vor allem natürlich in den dichten Gas- und Staubwolken, die als Sternentstehungsgebiete der Galaxien bekannt sind, wie etwa der berühmte Orion-Nebel, der 1700 Lichtjahre von uns entfernt ist.

Die Entdeckung organischer Moleküle im interstellaren Raum lässt erkennen, dass die Eigenschaft der Materie, von sich aus größere Molekülgebilde zu formen, nicht auf die Erde beschränkt ist. Das ist ein deutlicher Hinweis darauf, dass Lebensformen sehr wahrscheinlich nicht nur auf der Erde entstanden sind. Wie die chemische Evolution – also die Entstehung der Elemente und der einfachen Moleküle –, wird auch die biologische Evolution – also die Entstehung des Lebens – noch auf anderen Planeten im Universum stattgefunden haben oder noch stattfinden.

Die Entstehung von Leben, so ist zu vermuten, wird auf erdähnlichen Planeten ein fast unvermeidbarer biochemischer Vorgang sein. Allerdings ist die Entwicklung großer Lebensformen mit spezialisierten Organen ein Vorgang, der eine unvorstellbar lange Zeit beansprucht. Soll ein Planet aber zur Wiege von Leben werden, muss es auf ihm Wasser geben und eine Oberflächentemperatur zwischen null und hundert Grad Celsius herrschen. Diese Voraussetzungen legen die Entfernung eines »Lebensplaneten« zu seinem Stern ziemlich genau fest. Leben ist das Empfindlichste und Zerbrechlichste, was das Universum hervorgebracht hat.

Der enge Spielraum, in dem sich Leben entfalten kann, steht einer unendlichen Fülle von möglichen Lebenswelten entgegen. Das überschaubare Universum birgt immerhin 100 Milliarden Galaxien mit jeweils etwa 100 Milliarden Sternen in sich. Wenn jeder Stern im Durchschnitt zehn Planeten aufweist, dann ergäben sich daraus 100 000 Milliarden Milliarden (= 10^{23}) Planeten im Universum. Allerdings dürfte diese Zahl viel zu hoch gegriffen sein. Man muss ganz nüchtern feststellen, dass man vorerst noch nichts Genaues über die Häufigkeit von Planetensystemen sagen kann. Die Optimisten unter den Astronomen gehen davon aus, dass vermutlich all jene Sterne ein Planetensystem besitzen, die keinem Doppel- oder Mehrfachsternsystem angehören. Auch eine allzu große Sternmasse und -leuchtkraft sprechen gegen ein Planetensystem, erst recht gegen einen Planeten, der Lebensformen beheimaten kann. Unter diesen Einschränkungen blieben nur jene Sterne übrig, die zwischen einer 2,5-fachen und einem Hundertstel Sonnenleuchtkraft liegen. Das wären dann nur noch einige Prozent aller Sterne. Doch angesichts der ungeheuer großen Zahl von Sternen im Universum wären es immer noch sehr viele. In »unmittelbarer« Nähe zu uns, das heißt in einem Abstand bis zu zwanzig Lichtjahren, käme man allerdings nur noch auf etwa zwölf Sterne mit möglicherweise belebten Planeten. Man hat diese natürlich längst nach künstlich erzeugten Radiosignalen abgehorcht, doch, wie zu erwarten war, ohne Erfolg. Das muss nicht heißen, dass auf den Planeten solcher Sterne keine niederen Formen von Leben existieren können. Die senden nur leider kein Radio- oder sonstige Signale aus.

Die schwierige Suche nach anderen Planetensystemen

Da Planeten, im Vergleich zu Sternen, sehr klein sind, war es in all den Jahrzehnten, seit es Großteleskope gibt, nicht möglich, irgendwelche direkt aufzuspüren. Das Hubble-Teleskop erfasste zwar im Mai 1998 mithilfe seiner Infrarotkamera ein Objekt von zwei- bis dreifacher Jupitermasse, das ein Planet sein könnte, aber bislang ist nicht sicher, ob es nicht doch nur ein Brauner Zwerg ist. Allerdings entdeckten Astronomen im Oktober 1995 schon einen Planeten eines zweiundvierzig Lichtjahre entfernten Sterns. Die Entdeckung geschah allerdings nicht mit optischen Geräten. Bislang konnten neun Planeten außerhalb unseres Sonnensystems entdeckt werden, die um »normale« Sterne, ähnlich unserer Sonne, kreisen. Vier von ihnen haben Umlaufbahnen, die von einer Kreisbahn sehr weit abweichen. Umlaufbahnen, bei denen sich die Entfernung zum Zentralgestirn stark ändert, sind für die Entwicklung von Leben ungeeignet. Die übrigen fünf Planeten befinden sich sehr dicht an ihrem Stern, sodass ihre Oberflächen vermutlich sehr heiß sind und somit auch bei ihnen Leben auszuschließen ist.

Der plötzliche Erfolg bei der Fahndung nach Planeten liegt natürlich nicht darin, dass auf einmal jede Menge Planeten in direkter Nachbarschaft zu uns entstanden sind. Die Entdeckungen haben allein mit den verbesserten Messinstrumenten zu tun, die den Astronomen neuerdings zur Verfügung stehen. Da die direkte optische Beobachtung wegen der Lichtschwäche von Planeten nicht möglich ist – zudem stehen sie viel zu nah an den jeweiligen Sternen –, muss man sie auf indirektem Weg nachweisen. Hierfür gibt es nur eine einzige Methode: Man muss die Massenanziehungskraft nachweisen, die ein Planet auf sein Zentralgestirn ausübt. Denn selbst ein relativ kleines Objekt, wie es ein Planet darstellt, übt auf seinen Stern eine messbare Massenanziehungskraft aus, die allerdings so gering ist, dass sie nur mit hoch empfindlichen Geräten messbar ist.

Auf seinem Weg durch die Galaxis macht jeder Stern, der von einem größeren Planeten umrundet wird, minimale Schlingerbewegungen beziehungsweise »Ausfallschritte«. So schwankt zum Beispiel die Geschwindigkeit unserer Sonne bei ihrer Bewegung durch die Galaxis im elfjährigen Rhythmus des Jupiterumlaufs um dreizehn Meter pro Sekunde. Jupiter bringt also unsere Sonne aus dem Tritt. Diese winzige Geschwindigkeitsschwankung im Lauf von elf Jahren könnte ein mehrere Lichtjahre entfernter Astronom mit unseren modernsten Spektrographen noch nachweisen. Das für astronomische Verhältnisse winzige Vor und Zurück bewirkt eine minimale Rot- oder Blauverschiebung im Spektrallicht des Sterns. Und die kann gemessen werden.

Woher, fragt man sich, wissen die Astronomen eigentlich, dass sie einen Planeten aufgespürt haben und nicht etwa einen Braunen Zwerg, also einen kleinen verhinderten Stern? Ein entscheidender Hinweis für die Klärung dieser Frage ist die Art der Umlaufbahn des Begleiters. Planeten, so zeigen Berechnungen, müssen nahezu auf Kreisbahnen um den jeweiligen Stern laufen, weil das System sonst nicht stabil genug wäre. Vier der aufgespürten Begleiter zeigen eine solche kreisähnliche Bahn, so etwa die mutmaßlichen Planeten der Sterne 51 Pegasi und 47 Urs Maior. Bei den anderen Objekten mit stark von der Kreisbahn abweichenden Werten könnte es sich also auch um Braune Zwerge handeln. Der Stern 51 Pegasi war der Erste, bei dem ein Planet entdeckt wurde. Dieser Stern im Sternbild Pegasus ist etwa fünfundfünfzig bis sechzig Lichtjahre von uns entfernt und gleicht unserer Sonne. Er ist also ein gelber Stern und hat etwa eine 1,8-fache Sonnenleuchtkraft.

Die Planetenentdeckung bei ihm sorgte für einige Aufregung, und die war auch berechtigt, wenn man bedenkt, dass die Suche nach außerirdischem Leben nur sinnvoll ist, wenn man weiß, dass auch andere Sterne von Planeten umrundet werden. Aber es ist oft so mit neuen Beobachtungen im Weltall: Mit der Entdeckung hatten sich die Astronomen auch gleich ein neues Problem aufgehalst.

Der Planet von 51 Pegasi ist viel größer als er eigentlich sein dürfte. Für alle übrigen Planeten gilt das Gleiche. Sie sind bis zu viermal schwerer als Jupiter, befinden sich aber wesentlich näher an ihrem Zentralgestirn als die Erde an der Sonne. Nach den heutigen Theorien können sich jedoch solche Riesenplaneten erst in Abständen von einem Stern bilden, die mindestens fünfmal größer sind als der Abstand zwischen Sonne und Erde.

Was an den Riesenplaneten zudem verwundert: Sie umrunden ihre Sonne enorm schnell; der Planet von 51 Pegasi zum Beispiel schafft es in 4,2 Tagen. Merkur, unser kleiner, sonnennächster Planet, braucht für eine Umrundung immerhin 87 Tage. Die Daten des Planeten von 51 Pegasi und den anderen gefundenen Planeten passen so gar nicht zu den Vorstellungen der Astrophysiker von der Entstehung und dem Aussehen von Planetensystemen. Aber wer weiß, ob diese Vorstellungen allgemein gültig sind? Wer weiß, ob unser Sonnensystem der Normalfall im Kosmos ist, ob es nicht noch andere Arten von Sonnensystemen gibt? Vielleicht ist unser Sonnensystem ja doch etwas ganz Besonderes und Einmaliges, bei dem ein göttlicher Zufall im Spiel war.

Man darf jedoch nicht übersehen, dass die Astronomen bei ihrer Suche nach fernen Planeten noch ganz am Anfang stehen. Ihre Ziele sind hoch gesteckt: Man will herausfinden, wie viele Planeten es wirklich im All gibt und ob sie Leben tragen könnten. Bis zum Jahr 2010 wollen sie deshalb alle rund 2500 Sterne in unserer »engsten« Nachbarschaft, das heißt bis zu einer Entfernung von etwa zweihundert Lichtjahren, nach Planeten absuchen. Dabei werden ihnen leider nur die massereichsten ins Netz gehen. Sollte es anderswo noch erdähnliche Planeten geben, werden die wegen ihrer geringen Größe wohl niemals von der Erde aus entdeckt werden können.

Eines ist jedenfalls ziemlich sicher: Die entdeckten Riesenplaneten sind wegen ihrer geringen Entfernung vom Zentralgestirn viel zu heiß, um auf ihnen Leben entstehen zu lassen. Ihre Oberflächen dürften auf bis zu 1700 Grad Celsius aufgeheizt sein und vermutlich keine Atmosphäre besitzen. Von ihnen aus muss der Stern, den sie umrunden, als riesiger Glutball am Himmel erscheinen, bis zu zwanzigmal größer als unsere Sonne am irdischen Himmel.

Selbstverständlich haben die Astronomen inzwischen auch schon eine Erklärung für die engen und schnellen Umläufe dieser großen Planeten um ihre Sterne. Sie vermuten, dass sich ursprünglich mehrere solcher Riesenplaneten in größerer Entfernung zum jeweiligen Stern gebildet haben. Doch wegen ihrer gewaltigen Schwerkraft hätten sie sich bei nahen Begegnungen so stark gestört, dass einige von ihnen weiter nach innen geschleudert, andere sogar aus dem System hinauskatapultiert wurden.

Nur ein einziger der bis jetzt gefundenen Planeten, nämlich jener von 47 Urs Maior, erfüllt die Erwartungen: Er umkreist seinen Stern in doppeltem Erdabstand auf einer fast kreisförmigen Bahn. Leider handelt es sich auch bei ihm um ein Schwergewicht mit einer Masse von mindestens 2,5 Jupitermassen. Damit ist wohl auch auf ihm Leben auszuschließen.

Das war der Stand der Dinge bis 1999. Seit dem November 1999 ist es durch ausgefeiltere Messmethoden möglich, Planeten ferner Sterne direkt zu beobachten. Wenn ein Planet von der Erde aus gesehen vor dem Stern vorbeizieht, wird dieser minimal abgeschattet. Die Helligkeit des beobachteten Sterns müsste dann auf markante Weise abnehmen. Damit eine solche Beobachtung gelingt, muss die Umlaufbahn des Planeten ziemlich genau in der Sichtlinie des irdischen Beobachters liegen. Je enger die Umlaufbahn des Planeten um seinen Stern ist, desto größer ist die Chance, den Verdunkelungseffekt zu beobachten. Dies gelang zum ersten Mal amerikanischen Astronomen bei dem sonnenähnlichen Stern HD 209458 im Sternbild Pegasus. Für etwa drei Stunden verringerte sich die Helligkeit des beobachteten Sterns um 1,8 Prozent. In diesen drei Stunden zieht also der Planet vor der Scheibe seines Zentralgestirns vorbei.

Dieses leichte Verblassen bewies nicht nur die tatsächliche Existenz des Planeten, sondern erlaubte sogar, seinen Durchmesser zu bestimmen: Er hat den 1,3-fachen Durchmesser des Jupiters.

Der Nachteil dieser so genannten Transit-Methode ist offensichtlich: Sie lässt sich nur anwenden, wenn Stern, Planet und Erde zufällig in einer Linie stehen. Der Nachteil wird jedoch durch den Vorteil dieser Beobachtungsmethode mehr als nur ausgeglichen: Es können die Größe und andere Eigenschaften des fernen Planeten bestimmt werden, selbst wenn er nicht größer ist als die Erde.

Damit hat nun endgültig die Suche nach erdähnlichen Planeten, die womöglich auch Leben in der uns bekannten Form beherbergen, begonnen. Die Astronomen sind optimistisch und gehen davon aus, dass gegen Ende dieses Jahrzehnts die ersten erdähnlichen Planeten gefunden werden, die eine ferne Sonne umrunden.

Etwa im Jahr 2012 soll dann mit »Gaia« ein Teleskop in den Weltraum geschickt werden, mit dem sich die Positionen, Bewegungen und Farben von rund einer Milliarde Sternen mit bis dahin unerreichter Genauigkeit bestimmen lassen. Gleichzeitig soll »Gaia« in der Lage sein, schätzungsweise 20 000 Planeten anderer Sterne aufzuspüren. Vielleicht ist dann einer darunter, der einen Hinweis auf Leben gibt.

Die Suche nach Außerirdischen

Die Suche nach fernen Planeten hat streng genommen mit der Suche nach außerirdischem Leben nichts zu tun. Es ist vollkommen aussichtslos, auf Planeten, die man nur indirekt wahrnehmen kann, irgendwelche Lebensformen festzustellen. Es sei denn, dort lebende intelligente Wesen wären in der Lage, Signale irgendwelcher Art auszusenden. Seit Jahrzehnten horcht man mit riesigen Radioteleskopen ins All, aber Radiosignale von Außerirdischen wurden bislang nicht aufgezeichnet.

Passiv ins All zu horchen ist nur ein Weg der Kontaktsuche. Der andere Weg besteht darin, selber Signale ins Weltall zu schicken. Die erste und bislang einzige irdische Funkbotschaft wurde im Jahr 1974 vom größten Radioteleskop der Erde, dem Arecibo-Spiegel in Puerto Rico, ausgesandt. Das Teleskop hat einen Durchmesser von 305 Metern. Die Botschaft, die von diesem Teleskop auf der Frequenz von 1420 Megahertz ausgesandt wurde, war eine Million Mal stärker als die Ausstrahlung der Sonne auf dieser Wellenlänge. Der ausgesandte dreiminütige Radioimpuls wird bei seinem Weg durch den Weltraum auf mehrere tausend Lichtjahre im Radius streuen. Er könnte von außerirdischen Teleskopen, die in diesem Streukegel liegen, aufgefangen werden, vorausgesetzt, ihre Empfangsstärke entspräche der des Teleskops von Arecibo.

Angepeilt wurde mit dem starken Radiosignal der Kugelsternhaufen M 13, der rund 24 000 Lichtjahre von uns entfernt ist. Die Signalfrequenz von 1420 Megahertz entspricht der Frequenz des Wasserstoffs. Wenn Wasserstoffatome Energie gewinnen, dann strahlen sie einen Teil davon als Radiowellen mit einer Frequenz von genau 1420,405751768 Megahertz ab. (Ein Hertz entspricht dem Eintreffen eines Wellenbergs und eines Wellentals pro Sekunde in einem Empfangsgerät. Bei 1420 Megahertz treffen somit 1,420 Milliarden Radiowellen pro Sekunde ein. Da die Geschwindigkeit des Lichts bekannt ist, kann man die Wellenlänge berechnen, indem man die Lichtgeschwindigkeit durch die Wellenfrequenz teilt. So hat eine Radiowelle mit der Frequenz 1420 Megahertz eine Länge von 21,1 Zentimetern.)

Da Wasserstoff drei Viertel der Masse im Universum ausmacht, müssten fortgeschrittene außerirdische Intelligenzen genauso mit seiner Frequenz vertraut sein wie wir. Man kann davon ausgehen, dass alle Radioastronomen der Galaxis bei 1420 Megahertz beobachten und davon ausgehen, dass alle anderen Radioastronomen das Gleiche tun.

Darüber hinaus enthält das ausgesandte Arecibo-Signal noch eine ganze Reihe von verschlüsselten Botschaften, die von Außerirdischen problemlos zu entschlüsseln wären, vorausgesetzt, sie hätten eine ähnlich hohe Intelligenz wie wir. Übermittelt wurden diese Botschaften im sogenannten Binärcode. Das ist ein Code, der nur aus zwei Signaleinheiten, zum Beispiel »kurz« und »lang«, besteht und damit im Prinzip genauso funktioniert wie die Computersprache, die nur die Zeichen »0« und »1« kennt.

Inhalt dieser Botschaften waren die Zahlen 1 bis 10, die Atomgewichte einiger Grundelemente wie Wasserstoff, Kohlenstoff, Sauerstoff, aus denen wir bestehen und aus denen sicherlich auch Außerirdische bestehen würden, dann, in Zahlen ausgedrückt, die chemische Formel des Genmoleküls und schließlich die Darstellung unseres Sonnensystems, dessen dritter Planet, zum Zeichen seiner Sonderstellung, hervorgehoben ist.

Mittlerweile hat die Botschaft, die ja mit Lichtgeschwindigkeit unterwegs ist, gerade mal ein Tausendstel der Wegstrecke zurückgelegt: ganze 24 Lichtjahre von insgesamt 24 000. Eine Antwort können wir frühestens in 48 000 Jahren erwarten. Doch wer weiß, ob unser Planet dann überhaupt noch von Menschen bewohnt ist.

Doch die Erde strahlt schon länger künstliche Radiosignale ins Universum ab – seit es nämlich Rundfunk und Fernsehen gibt, also seit bald hundert Jahren. Im Umkreis von etwa siebzig Lichtjahren böte sich einer außerirdischen Intelligenz die Möglichkeit, von der Existenz der bewohnten Erde zu erfahren; sie müsste nur ihre Fernsehgeräte beziehungsweise ihre Radios einschalten. Heute herrscht ein intensiver Funk-, Fernseh- und Radioverkehr auf der Erde, so dass dieser Planet auf manchen Radiofrequenzen gewiss zum strahlungsintensivsten Objekt des Sonnensystems geworden ist – »heller« noch als die Sonne. Eine außerirdische Intelligenz, die die Radiostrahlung der Erde seit siebzig Jahren aufzeichnete, müsste zu dem Schluss kommen, dass sich auf diesem Planeten erstaunliche Entwicklungen abspielen.

Flaschenpost ins Universum

Ist die Radiostrahlung, obwohl sie die höchste im Universum mögliche Geschwindigkeit hat, schon schrecklich langsam beim Überwinden der kosmischen Räume zwischen den Sternen, dann möchte man an dem Tempo, mit dem inzwischen einige Sonden aus unserem Sonnensystem hinausgeflogen sind, verzweifeln. Die Weltraumsonden Pioneer 10 und Pioneer 11 flogen 1973 und 1974 am Jupiter vorbei und wurden anschließend auf eine endlose Reise in den interstellaren Raum geschickt. Später folgten die Sonden Voyager 1 und Voyager 2. Letztere verließ im August 1989, nachdem sie Neptun passiert hatte, unser Sonnensystem in Richtung eines Sterns mit der Katalognummer Ross 248. Sie wird diesen relativ nahen Stern im Jahre 42155 erreichen. Bevor sie unser Sonnensystem verließ, machte sie rasch noch ein Foto von der Erde und schickte es uns per Funk als eine Art Abschiedsgruß: ein winziges, bläuliches Pünktchen, eingebettet in einen Sonnenstrahl vor dem pechschwarzen Hintergrund des leeren Weltraums.

Solche Weltraumsonden sind die schnellsten Gefährte, die die Menschheit bislang entwickelt hat. Und doch kriechen sie wie

Schnecken durch den Weltraum, nämlich mit lächerlichen einein-halb Millionen Kilometern pro Tag. Deshalb kommt es einem auch ein wenig einfältig vor, dass man sie mit Botschaften an Außerirdische versehen hat. Die Voyager-Sonden zum Beispiel haben eine Bildplatte mit Darstellungen vom Leben auf der Erde an Bord, dazu noch eine Langspielplatte aus Kupfer, auf der einige typische Klänge und Geräusche unseres Planeten zu hören sind: Kompositionen von Bach, Beethoven, Mozart und anderen, Chuck Berrys »Johnny B. Goode«, die Rufe von Walen, das Schreien eines Babys, die Laute eines menschlichen Kusses, obwohl doch jeder weiß, dass Küssen so gut wie kein Geräusch macht. Unverständlich ist, wieso man das typischste irdische Geräusch, nämlich Autolärm, nicht darauf verewigt hat. Immerhin hat man nicht vergessen, eine in wissenschaftlicher Zeichensprache abgefasste Bedienungsanleitung für das Abspielgerät beizulegen. Man weiß ja nicht, wie intelligent außerirdische Intelligenzen sind und ob sie mit einem so altertümlichen Gerät wie einem Plattenspieler umgehen können. Die Schallplatte hat eine Haltbarkeit von einer Milliarde Jahren, denn fast nichts kann sie dort draußen in der kalten und ruhigen Finsternis zerstören. Sie wird noch Kunde von uns geben, wenn die menschliche Zivilisation längst untergegangen ist oder sich der Mensch zu einer ganz anderen biologischen Form weiterentwickelt hat. Die Voyager-Sonden aber werden weiter durch das Universum fliegen als bescheidene Überbleibsel einer Welt, die es nicht mehr gibt.

Besonders tröstlich ist das nicht. Aber ein Grund zur Traurigkeit ist es auch nicht. Die Chance, dass jemals irgendwer diese Botschaften entziffert, ist verschwindend klein. Aber sie ist nicht gleich null. Das Ganze hat trotzdem den Charakter eines kosmischen Kinderspiels. Als Mittel für interstellare Kommunikation ist es alles andere als viel versprechend. 40 000 Jahre zum Erreichen eines erdnahen Sterns sind einfach zu lang.

Die Suche nach der Nadel im Heuhaufen

Kommunikation mit Lichtgeschwindigkeit ist die einzige sinnvolle Art der kosmischen Kontaktaufnahme. Und doch, selbst hier wird man das Gefühl der Sinnlosigkeit solcher Anstrengungen nicht los. Wenn optimistische Schätzungen richtig sind, dass jeder millionste Stern eine technologisch entwickelte Zivilisation beherbergen könnte, wobei all diese Sterne über die ganze Milchstraße verstreut wären, dann befände sich die nächste mindestens einige hundert Lichtjahre von uns entfernt, wahrscheinlich aber ein paar tausend Lichtjahre. Es bedarf also einer unendlich großen Geduld, um auf Antwort aus den Tiefen der Milchstraße zu warten. Eine Verständigung mit Wesen anderer Galaxien liegt ohnehin jenseits aller Möglichkeiten.

Angenommen, die nächste hoch entwickelte Zivilisation befände sich zweihundert Lichtjahre von uns entfernt. Dann würde sie in rund einhundertfünfzig Jahren die ersten schwachen Radiosignale von der Erde empfangen, nämlich die, die nach dem Zweiten Weltkrieg von der Erde abgestrahlt wurden. Aber was sollte eine fremde Zivilisation mit diesem Signaldurcheinander anfangen? Selbst wenn sie sie interessant genug fände, um zu antworten, müssten wir mindestens bis zum Jahr 2350 auf diese Antwort warten. Denn die Lichtgeschwindigkeit setzt die Grenze für die Kommunikationsgeschwindigkeit; es ist eine unüberwindliche Grenze.

Da erscheint es fast sinnvoller, von der Annahme auszugehen, dass andere ferne Zivilisationen ihrerseits auf die Idee gekommen sind, sich bemerkbar zu machen. Vielleicht sind Botschaften längst auf dem Weg zu uns, um uns demnächst zu erreichen. Ausgehend von diesem Gedanken, beschloß die NASA am 12. Oktober 1992 – zufällig war das der 500. Jahrestag der Entdeckung Amerikas durch Christoph Kolumbus –, ein Lauschprogramm für zwei bestimmte Frequenzen zu verwirklichen. Gezielt sollten etwa eintausend sonnenähnliche Sterne in nicht allzu großer Entfernung nach diesen beiden Frequenzen abgehorcht werden. Nebenbei sollte, nach dem Zufallsprinzip, der Himmel auf 8,4 Millionen Frequenzen durchforstet werden, um so vielleicht auf ein künstliches außerirdisches

Signal zu stoßen. Bei 8,4 Millionen verschiedenen Frequenzen hat natürlich jeder Kanal, der eingestellt wird, einen extrem schmalen Frequenzbereich. Würde man ein Signal empfangen, das in einen solch engen Frequenzkanal fiele, wäre das ein ziemlich sicherer Hinweis auf eine fremde Intelligenz, denn es gibt keine natürlichen Vorgänge, die so genau umrissene »Radiolinien« erzeugen können.

Diese Suche nach Signalen von Außerirdischen trägt den Projektnamen SETI (Search for Extra Terrestrial Intelligence, also Suche nach außerirdischer Intelligenz). Damit war endlich eine erste Generation von Wissenschaftlern gezielt dabei, Kontakt zu Außerirdischen aufzunehmen. Das SETI-Projekt geht von mehreren Grundannahmen aus, deren Richtigkeit allerdings nicht zu beweisen ist. Die erste Annahme besagt, dass Leben und technologische Entwicklung im Universum zwangsläufig und in großer Fülle vorhanden sind. Man geht davon aus, dass die biologische Evolution ein allgemeiner kosmischer Vorgang ist und nicht nur ein einmaliges und zufälliges Ereignis, das allein auf der Erde stattgefunden hat.

Bei der zweiten Annahme wird die Meinung vertreten, dass die Zeitspanne, in der auf einem Planeten Intelligenz entsteht, nur einen Bruchteil des Alters der Milchstraße ausmacht. Das bedeutet: Die Menschheit wäre höchstwahrscheinlich nicht die erste intelligente Lebensform in unserer Galaxis. Daraus ergäbe sich die Möglichkeit, dass die nur wenige tausend Jahre alte menschliche Zivilisation auf eine andere Zivilisation stoßen könnte, die schon Millionen oder Milliarden Jahre alt ist.

Die dritte Annahme geht davon aus, dass überall im Kosmos die gleichen physikalischen Gesetze herrschen. Diese Gesetze setzen der Kontaktaufnahme zwischen den Sternen ziemlich enge Grenzen. Die meisten Reisezeiten zwischen den Sternen unserer Galaxis würden auch bei Lichtgeschwindigkeit Hunderte oder Tausende von Jahren dauern. Eine Raumfahrt zwischen den Sternen wird so zu einer ziemlich sinnlosen Unternehmung. Superantriebe, mit denen die Lichtmauer überwunden werden könnte, sind nichts weiter als reizvolle Fantasieprodukte.

Anders als die menschliche Fantasie, die grenzenlos ist, unterliegen Naturwissenschaft und Technologie aber den strengen Gesetzen der Physik. Diese Gesetze sind nicht durch Knopfdruck auszuschalten. Auch eine zukünftige, weiter fortentwickelte Physik würde an den grundlegenden Beziehungen von Geschwindigkeit, Energie, Licht und Masse nichts ändern.

Die vierte Annahme besagt, dass intelligente Wesen, eben weil sie intelligent sind, Kontakt miteinander durch lichtschnellen Datenaustausch aufnehmen werden, anstatt riskante und teure Raumfahrt zu betreiben, die ohnehin nur kurze Sprünge zu den am nächsten gelegenen Sternen ermöglichen würde. Hoch entwickelte Zivilisationen in der Galaxis werden sich an Erfolg versprechenden Techniken orientieren, um Kontakt zu anderen Zivilisationen aufzunehmen. Sie werden elektronische Strahlen aussenden und sich dabei an leicht zu entschlüsselnde Frequenzen halten.

Die letzte, die fünfte, Annahme ist nun ihrerseits ein wenig fantastisch: Es existiert, so besagt sie, längst ein galaktischer Klub von fortgeschrittenen Zivilisationen, der ein festes Netzwerk für Datenaustausch besitzt. Für SETI heißt das: Wir könnten auf Signale stoßen, die für andere bestimmt sind.

Leider war die Arbeit von SETI nicht von Dauer. Bereits ein Jahr nach der Genehmigung des Projekts durch den amerikanischen Kongress wurde es wieder eingestellt, angeblich aus Kostengründen. Entscheidender aber waren wohl die Probleme, die sich beim Abhorchen des Kosmos nach künstlichen Signalen ergaben. Im Radiobereich wird man von kosmischen Hintergrundgeräuschen – und dem irdischen Radio- und Funksalat – buchstäblich überschwemmt. Dadurch wird es sehr schwierig, mögliche schwache Signale von weit entfernten Zivilisationen herauszufiltern.

Dies scheint ein grundsätzliches Problem von Projekten zu sein, die sich auf die Suche nach außerirdischer Intelligenz machen: Es ist ungewiss, wann und ob man etwas entdeckt und wie viel das letzten Endes kosten wird.

Trotz dieses Rückschlags beschloss eine Gruppe von Wissenschaftlern, am SETI-Institut weiterzumachen; die NASA erlaubte ihnen die weitere Nutzung der vorhandenen Instrumente. Bislang wurde man noch nicht fündig. Allerdings konnte man eine ganze Reihe unerklärlicher Signale empfangen. Verschlüsselte Botschaften hat man darin jedoch nicht gefunden. Aber keiner der Wissenschaftler hat je daran geglaubt, dass man bei der Suche nach künstlichen

Signalen einen raschen Erfolg haben würde. Die Erfolgschancen sind winzig, um nicht zu sagen verschwindend klein. Doch wenn wir es nicht versuchen, haben wir überhaupt keine Chance, je zu erfahren, ob wir die einzige Zivilisation im Universum sind.

An dieser Stelle bleibt zu fragen, ob eine außerirdische Intelligenz überhaupt eine ähnliche Logik und Mathematik wie wir entwickelt haben muss. Muss eine fremde Technologie unserer ähnlich sein? Diese Frage ist wohl eher zu bejahen als zu verneinen, zumindest, wenn man davon ausgeht, dass im Universum überall die gleichen physikalischen Gesetze herrschen. Jede Technologie muss auf diesen Gesetzen fußen, egal, in welchem Winkel des Universums sie entwickelt wurde. Auch andere Zivilisationen werden irgendwann ihre Keplers, Galileis und Einsteins hervorbringen; andernfalls sind sie außerstande, das Universum zu verstehen und es mithilfe von Technologien zu erforschen. Ob jede hoch entwickelte Zivilisation automatisch Teleskope oder Raumschiffe entwickelt, ist allerdings fraglich. Kann sein, dass die Neugier etwas ganz spezifisch Menschliches ist. Wir sollten nicht von uns auf andere schließen. Vor allem sollten wir uns eine außerirdische Intelligenz nicht als bloße Variante der menschlichen vorstellen.

Müssen Außerirdische ähnlich aussehen wie wir?

Wenn schon der Zufall bei der Entwicklung des Lebens auf der Erde seine göttliche Hand im Spiel hatte, so dürfte dieser Zufall erst recht in galaktischen Dimensionen von Bedeutung sein. Für Zufälle – auch biologische – ist im Universum jede Menge Platz und auch Zeit. Grundsätzlich wäre zu fragen, ob außerirdisches Leben notwendig aus den gleichen organischen Molekülen aufgebaut sein muss wie das Leben auf der Erde? Selbst wenn alles Leben im Kosmos auf der gleichen Molekularchemie beruht, muss das noch lange nicht heißen, dass überall ähnliche Organismen und ähnliche Formen intelligenten Lebens entstanden sind wie auf der Erde. Man bedenke nur, in welch unglaublicher Vielfalt sich das Leben auf der Erde vom Ureinzeller bis zur Artenvielfalt von heute entwickelt hat.

Allein für die Körperform eines intelligenten Wesens sind unzählige Möglichkeiten denkbar. Auf einem anderen lebensfreundlichen Planeten unterläge die Herausbildung erblicher Unterschiede notgedrungen anderen Zufallsprozessen. Die Genveränderungen in den Organismen hingen von anderen Umweltbedingungen ab. So dürfte die Chance, auf anderen Planeten uns körperlich ähnliche Wesen vorzufinden, gleich null sein.

Dagegen ist natürlich einzuwenden, dass sich wahrscheinlich nur dort Leben zu entfalten beginnt, wo erdähnliche Lebensbedingungen herrschen. Und überall dort, wo diese Bedingungen gegeben sind, wird sich die Evolution wie eine Art Waschmaschinenprogramm abspulen. Abweichungen im Muster würden nur durch unterschiedliche Zufälle – kosmische Katastrophen – hervorgerufen. Das evolutionäre Grundmuster würde überall das Gleiche sein.

Vielleicht ist die menschliche oder menschenähnliche Zivilisation ein zwangsläufiges Durchgangsstadium aller Lebensentwicklung im Universum, schon aus dem einfachen Grund, weil man mit zehn Fingern mehr zuwege bringt als mit zwei Flossen oder gar keinen Gliedmaßen. Doch das Menschliche wäre nur eine Durchgangsform zu weiterer und höherer Entwicklung. Am Ende wäre der Geist womöglich in der Lage, sich ganz von der Biologie abzulösen, gleichsam körperlos im Kosmos zu existieren. Auf dem Weg dorthin stünden Lebewesen, die nur noch aus Gehirn bestünden. Doch auch diese letzte materielle Fessel streifte der Geist irgendwann in Milliarden von Jahren ab.

An diesem Punkt würde das Ende der biologischen Evolution mit dem Anfang von allem zusammenfallen, nämlich mit der Frage, ob dem Universum ein allmächtiger Geist vorausging, der es erschaffen hat. Das ist dann freilich keine physikalische, sondern eine religiöse Frage, die Frage nämlich, ob das Universum mehr enthält als nur das, was physikalisch da ist.

Immerhin scheut sich die moderne Physik längst nicht mehr, von Geist und Idee zu sprechen, die unabhängig von Materie existieren können. Bereits mit dem Begriff des »Feldes«, also einer nichtmateriellen Größe in der Physik, rückte die moderne Physik sehr nahe an die Begriffe »Geist« und »Idee« heran. Vor allem die Atomphysik lehrt uns, dass die Materie von etwas Geistigem geordnet ist. Wenn man so will, war der Geist oder das Bewusstsein immer schon da und zwar verschlüsselt in den grundlegenden Gesetzen des Universums. Die Mathematik wäre demnach der geistige Schlüssel zum Begreifen dieser Gesetze; sie wäre die Sprache des allumfassenden Geistes.

So haben auch die Elementarteilchen mehr den Charakter von Ideen als von etwas Materiellem. Die Naturwissenschaft steht damit an einer Schwelle, an der sich unser Naturbild radikal zu ändern beginnt. Quarks, die vorläufig kleinsten »Teilchen« der Materie, kann man schon gar nicht mehr als Teilchen, also Materiepartikel, bezeichnen, weil sie nicht mehr isoliert zu betrachten sind. Wollte man zwei Quarks voneinander trennen, müsste man eine Energie aufbringen, die ständig aus sich selbst heraus neue Paare von Quarks und Antiquarks erzeugen würde, ohne dass es gelänge, die ursprünglichen Quarks voneinander zu lösen. Quarks sind eher Ideen von Teilchen; sie haben mehr »geistige« als materielle Eigenschaften.

Bei Außerirdischen ist alles möglich – was die Physik erlaubt

Es gibt zwei Möglichkeiten: Außerirdische, falls es sie gibt, sehen uns ähnlich oder sie sehen ganz anders aus. Dass sie uns Menschen gleichen, ist äußerst unwahrscheinlich. Es gibt keinen Grund, anzunehmen, dass die menschliche Gestalt universell sein könnte. Dafür spielt die Natur einfach viel zu gern mit den Möglichkeiten, die die Biologie ihr bietet. Andere Umweltbedingungen führen logischerweise zur Ausbildung anderer Gestalten, anderer Sinne, anderer Bewusstseinsarten, anderer Verständigungsmittel.

Völlig offen ist zum Beispiel die Frage, ob Gehirne nicht ganz anders als das menschliche Gehirn funktionieren könnten. Denkbar wäre, dass Gehirne von Außerirdischen über irgendwie geartete Felder direkt miteinander kommunizieren, ähnlich wie das vernetzte Computergehirne tun. So außergewöhnlich wäre das nicht einmal. Denn ganz ähnlich funktioniert zum Beispiel die Verständigung in Ameisen- oder Termitenstaaten. Der Ameisenstaat erscheint als Superorganismus mit einem Supergehirn. Jede einzelne Ameise ist auf geheimnisvolle Weise direkt mit dem Gesamtorganismus vernetzt.

Sie weiß in jedem Augenblick, was der Gesamtstaat »denkt«, was er vorhat. Jede Ameise steht mit allen anderen in ständiger Verbindung. Der Ameisenstaat stellt gewissermaßen die Gesamtintelligenz aller Einzelameisen dar.

Ähnlich wäre auch ein Staat von Außerirdischen denkbar, bei dem dieses biologische Prinzip auf höchstem Intelligenzniveau verwirklicht ist: ein belebter Planet als Supergehirn und Superorganismus.

Längst denken Wissenschaftler über Möglichkeiten nach, Gehirnzellen direkt an Mikroprozessoren anzuschließen, das heißt Minicomputer in Gehirne einzupflanzen. Ebenso gut könnte man sich vorstellen, dass bei Außerirdischen die Neuronen, also jene Nervenzellen, in denen unsere nervösen Erregungen entstehen, nicht körperlich, durch Nervenfasern, miteinander verbunden sind, sondern durch elektromagnetische Wellen. Daraus ergäbe sich die Möglichkeit, dass sich eine einzige Intelligenz auf viele verschiedene Organismen verteilen könnte, da die elektromagnetischen Wellen eine unendliche Reichweite besitzen.

Und wer sagt denn, dass ein Gehirn nur 10^{14} Neuronenverbindungen haben muss wie das menschliche Gehirn? Warum sollte es nicht anderswo im Universum Gehirne mit 10^{24} oder 10^{34} Neuronenverbindungen geben? Damit wäre die Denkleistung solcher Gehirne enorm gesteigert. Leider reicht unser Gehirn nicht aus, sich vorzustellen, was in solchen Supergehirnen vorginge, was Lebewesen mit diesen Hochleistungsgehirnen alles wüssten.

Was alle diese Gedankenspiele gemeinsam haben: Es geht letztlich nur um Abwandlungen und Steigerungen von irdischen Lebensformen. Doch solche Überlegungen sind schon deshalb gerechtfertigt, weil schließlich überall im Kosmos dieselben physikalischen Gesetze herrschen, damit aber notgedrungen auch dieselben chemischen Gesetze, die für die Bildung von Molekülen und lebendigen Zellen verantwortlich sind. Nicht zuletzt deshalb geistern auch durch die Science-Fiction-Filme immer nur Wesen, bei deren Aussehen und Verhalten mit irdischen Lebensformen gespielt wird. Wenn die Außerirdischen dort auch nicht immer nur menschenähnlich aussehen, so bleiben sie doch stets erkennbar, etwa als intelligente Riesenschnecken, Rieseninsekten oder Riesenkürbisse. Man wird dabei den Gedanken nicht los, dass die Fantasie hier weit hinter den Möglichkeiten außerirdischen Lebens zurückbleibt. Andererseits muss man eingestehen, dass es schwierig ist, sich vorzustellen, wie außerirdische Wesen denn sonst aussehen könnten. Unsere Fantasie nährt sich nun mal von dem, was wir kennen, in diesem Fall von den vorhandenen Formen irdischen Lebens.

Auch wenn die kosmische Biologie einen sehr großen Spielraum für die Ausbildung und Gestaltung von Leben haben mag, bleibt dieser Spielraum doch immer durch die Gesetze der Physik und Chemie begrenzt. Es wird also beispielsweise keine Lebensformen geben, die im Feuer existieren. Denn große Hitze zerstört Molekülverbindungen; sie lässt solche Verbindungen erst gar nicht entstehen. Hohe Temperatur erregt die Atome viel zu stark, als dass sie noch fähig wären, sich aneinander zu binden. Alles Leben im Universum wird sich also grundsätzlich auf den Molekülen des Lebens, das heißt den unterschiedlichen Kohlenwasserstoffverbindungen, aufbauen. Auch allzu starke kosmische Strahlung wird überall im Universum Leben verhindern. Denn auch sie zerstört Molekülverbindungen.

Interessant ist natürlich die Frage, ob sich Leben grundsätzlich nur auf erdähnlichen Planeten entwickeln kann, also auf festen Gesteins- und Metallplaneten, oder nicht ebenso auf Gasplaneten. Selbstverständlich müssten auf Gasplaneten die Lebensformen zwangsläufig anders aussehen als auf Gesteinsplaneten. Es gäbe dort ja keine feste bewohnbare Oberfläche, sondern nur eine mehr oder weniger dichte, wolkige Atmosphäre. Theoretisch könnten sich aber auch dort organische Moleküle zu größeren Einheiten zusammenfügen und schließlich Lebensformen ausbilden. Amerikanische Wissenschaftler, wie etwa Carl Sagan und E. E. Salpeter von der Cornell-Universität im US-Bundesstaat New York, haben schon vor Jahren in Computernachahmungen beweisen können, dass Leben auf einem Gasplaneten möglich wäre. Welche Art von Leben das sein könnte, vermochte aber auch der Computer natürlich nicht zu sagen.

Grundsätzlich hätte jede Lebensform auf einem Gasplaneten ein Hauptproblem zu überwinden: Da die Atmosphäre von starken Strömungen beherrscht wäre, müssten sich die Lebewesen davor in Acht nehmen, in die unteren Schichten abgetrieben zu werden, wo hohe Temperaturen herrschen und sie verbrennen würden. Sie müssten also ähnlich wie Gasballons funktionieren. Je nach Bedarf müssten sie Gas abgeben oder aufnehmen, um zu steigen oder zu sinken. Auch die Methode von Heißluftballons wäre denkbar: Die schwebenden Lebewesen würden für den nötigen Auftrieb sorgen, indem sie ihr Inneres durch Energieerzeugung warm hielten. Dafür müssten sie ständig Nahrung in Form von herumschwirrenden organischen Molekülen aufnehmen und verarbeiten. Möglich wäre auch eine Energiegewinnung ähnlich wie bei unseren Pflanzen: aus Licht, Luft und Wasser, wobei Letzteres in Form von Dampfwolken in der Atmosphäre vorkäme. Diese Luftgeschöpfe könnten enorme Größen erreichen: mehrere Kilometer im Durchmesser! Es wären Lebewesen denkbar von der Größe einer Stadt. »Diese Schweber«, so schreibt Carl Sagan, »könnten sich wie Düsenjäger oder Raketen mittels Gasstößen durch die Planetenatmosphäre fortbewegen und sich zu unermesslich großen, trägen Herden zusammenschließen. Die Musterung ihrer Haut, eine Tarntracht, würde anzeigen, dass auch sie ihre Probleme haben. Denn in einer solchen Umwelt gäbe es mindestens noch eine weitere ökologische Nische: das Jagen. Die Jäger aber wären schnell und leicht beweglich und würden die Schweber ihrer organischen Moleküle und ihres Vorrats an reinem Wasserstoff wegen verzehren. So könnten sich aus den hohlen Sinkern die ersten Schweber und aus selbst angetriebenen Schwebern erste Jäger entwickelt haben. Allzu viele Jäger dürfte es allerdings nicht geben, da sie, wenn sie alle Schweber aufgezehrt hätten, ihrerseits zum Aussterben verdammt wären. Solche bei einiger Fantasie durchaus reizvollen Lebensformen wären im Rahmen der gültigen physikalischen und chemischen Gesetze möglich und denkbar, was freilich nicht heißt, dass die Natur unseren Spekulationen auch gefolgt sein muss.«

Im Grunde wissen wir einfach noch zu wenig über die Gestaltungsmöglichkeiten der Biologie; es gibt noch keine biologische Zukunftsvoraussage. Das hat damit zu tun, dass die Vergangenheit der irdischen Biologie noch immer ein Buch mit sieben Siegeln ist, vor allem, was ihre Anfänge betrifft. Noch ist die Biologie des Lebensursprungs zu kompliziert für uns, um sie wirklich zu verstehen. Deshalb wäre es ungeheuer wichtig für die biologische Forschung, wenn es gelänge, nur ein einziges Beispiel außerirdischen Lebens in Händen – oder besser unter dem Mikroskop – zu haben. Dabei wäre es gleichgültig, wie einfach oder kompliziert diese Lebensform wäre. Ein solcher Fund würde unserer Biologie einen ungeheuren Schub geben. Vorerst aber müssen wir uns noch mit den Fantasielebewesen der Science-Fiction-Literatur begnügen. Die noch offenen Fragen der modernen Entwicklungsbiologie werden sich so schnell nicht beantworten lassen. Eins jedoch steht schon jetzt fest: Die Antworten auf diese Fragen werden mehr Einfluss auf unser Weltbild, auf die menschliche Gesellschaft, auf Kultur und Wirtschaft haben als alle Debatten um Urknall, Schwarze Löcher, Rote Riesen und Weiße Zwerge zusammen.

Begegnung mit Außerirdischen

Nehmen wir einmal an, es käme zu einer Kontaktaufnahme mit einer außerirdischen Intelligenz. Mit Sicherheit wird es sich dabei um keine wirkliche Begegnung handeln, sondern um einen Funkkontakt. Wir werden im besten Fall auf mehr oder weniger entschlüsselbare Funksignale stoßen, sonst nichts. Aber auch das wäre Sensation genug. Das Dumme an der Sache ist nur, dass die Kontaktaufnahme folgenlos bliebe. Die Signalaussender wüssten nicht, dass ihre Signale aufgefangen wurden. Und wir als Signalempfänger wüssten nur, dass da irgendwer oder irgendwas ist, aber wir wüssten nicht, wer oder was wirklich.

Allein die Entschlüsselung der Signale könnte Jahre oder gar Jahrzehnte dauern, ähnlich der Entschlüsselung der ägyptischen Hieroglyphen. Man kann schließlich nicht davon ausgehen, dass die Signale von Außerirdischen für uns so einfach zu lesen sind wie jene, die wir selber ins All geschickt haben. Vielleicht wäre die Intelligenz der Außerirdischen so hoch, dass selbst ihr niedrigstes Gedankenniveau für uns noch unergründbar bliebe. So oder so wären wir aber im Weiteren zur Tatenlosigkeit verurteilt. Denn selbst wenn die Außerirdischen uns genauestens mitteilten, wo sie sich in der Galaxis befinden, hätten wir trotzdem nicht die Mittel, in einem sinnvollen Zeitraum zu ihnen zu gelangen. Auch wenn die Signale aus

»unmittelbarer Nähe« zu uns kämen, was sehr unwahrscheinlich ist, brauchte unsere Radioantwort Hunderte oder Tausende von Jahren, um bei den Außerirdischen anzukommen. Das interstellare Gespräch hätte unerträglich lange Pausen zwischen Rede und Antwort.

Fast alle, die sich zu der Frage Gedanken machen, wie wir Menschen auf eine Nachricht von Lebewesen im All reagieren würden, gehen von einem Schockereignis für die Menschheit aus. Manche befürchten sogar, der Schock könnte so groß sein, dass die menschliche Gesellschaft daran zerbräche. In Science-Fiction-Filmen gehen die Regierenden oft davon aus, dass die Bekanntgabe einer realen Kontaktaufnahme Panik in der Weltbevölkerung auslösen würde. Deshalb wird sie geheim gehalten – um dann doch irgendwann durchzusickern.

Und tatsächlich fand bei der Entdeckung der Pulsare, also jener Neutronensterne, die regelmäßige Radiosignale aussenden, die Bekanntgabe durch die Forscher nur äußerst zögerlich statt. Denn anfangs hielt man die Signale in der Tat für Botschaften von Außerirdischen. Man weiß nicht, ob diese Zurückhaltung nur einer normalen wissenschaftlichen Vorsicht der Forscher entsprang oder der Furcht vor einer möglichen Panik.

Ich halte die Schock-Theorie allerdings für wenig überzeugend. Zweifellos hätte die Menschheit bei einer Kontaktaufnahme mit Außerirdischen einiges zu verarbeiten, vor allem hinsichtlich möglicher Folgen des Kontakts. Doch diese Folgen wären, falls es sich nur um Funksignale von einem unerreichbar fernen Stern handelte, praktisch gleich null.

Trotzdem – man wird davon ausgehen können, dass ein wirklicher Kontakt mit Außerirdischen zwar keinen Schock und erst recht keine Panik auslösen, aber gewiss tief greifende geistige Veränderungen in der menschlichen Kultur, und hier vor allem im religiösen Bereich, bewirken würde. Es wäre mit dem Kontakt die besondere Stellung des Menschen im Universum, die er sich selbst zugesprochen hat, mit einem Schlag aufgehoben. Homo sapiens würde in der Schöpfung Gottes keinen herausragenden Platz mehr einnehmen. Und wenn erst einmal eine andere Zivilisation entdeckt wäre, so bedeutete dies, dass es mit hoher Wahrscheinlichkeit noch weitere fremde Zivilisationen im Universum geben dürfte, ja womöglich eine große Anzahl.

Bleibt die Frage, ob eine technische Zivilisation überhaupt in der Lage ist, Millionen oder gar Milliarden Jahre zu überdauern. Man darf hier die selbstzerstörerischen Kräfte von Technik und Fortschritt nicht unterschätzen. Es könnte sein, dass technische Zivilisationen sich dadurch auszeichnen, dass sie sich eher früher als später auslöschen. Dies würde bedeuten, dass es zu einem beliebigen Zeitpunkt nur ein jämmerlich kleines Häuflein von Zivilisationen in der Galaxis gäbe. Die Suche nach einem kosmischen Gesprächspartner wäre somit ziemlich aussichtslos. Der augenblickliche Zustand unserer eigenen Zivilisation lässt vermuten, dass Zivilisationen bei Erreichen unseres technologischen Stadiums äußerst gefährdet sind. Die Menschheit steht ja an einem Punkt, wo es um ihren Fortbestand oder Untergang geht.

Sollte die Menschheit an sich selber zugrunde gehen, wäre das für das Universum allerdings völlig bedeutungslos. In der Milchstraße würde kein Hahn nach uns krähen.

Ist bemannte Raumfahrt überhaupt sinnvoll?

Der Mensch wird sich allerdings, entsprechend seiner rastlosen Natur, nicht mit dem Abhorchen des Kosmos zufrieden geben. Er ist von Natur aus neugierig. Er will wissen, erkennen, erforschen, er will Grenzen überwinden, sowohl geistige als auch räumliche. Das war immer so; das wird auch so bleiben.

Die unbemannte Weltraumfahrt ist dabei die einzige zu rechtfertigende Form der direkten Planetenerkundung. Ihre Kosten fallen im Vergleich zu den weltweiten Ausgaben für Kriegstechnik kaum ins Gewicht. Der fünfhundert Millionen Kilometer weite Flug von Pathfinder zum Mars kostete zum Beispiel fünfhundert Millionen Mark. Das ist mit einer Mark Kilometergeld eine im Grunde recht billige Reise. Man sollte vor allem nicht vergessen, dass die unbemannte Raumfahrt für die Menschheit auch von Nutzen ist, gerade im Hinblick auf den gefährdeten Heimatplaneten. Unsere Erkenntnisse zu den Klimaveränderungen, zur Zerstörung der Ozonschicht, ja selbst zur Verschmutzung der Meere und Zerstörung der Wälder wären ohne die unbemannte Raumfahrt nicht denkbar. Mit zunehmendem technischen Fortschritt hat die unbemannte Raumfahrt auch zunehmende Möglichkeiten in ihrer Anwendung. Um Gesteinsbrocken auf einem fernen Planeten zu untersuchen, muss kein Mensch auf den gefahrvollen Weg dorthin geschickt werden. Die erstaunlichen Möglichkeiten der modernen Hochtechnologie mit ihrer Verkleinerung von Maschinen, von Fernerkundung mittels Computerprogrammen, von Datenübertragung und Datenauswertung machen gerade die Raumfahrt zu einem idealen Betätigungsfeld für Roboter aller Art. Vielleicht ist Raumfahrt überhaupt *die* Sache für künstliche Intelligenz – und nicht für Menschen. Mit anderen Worten: Intelligente Raumfahrt ist Raumfahrt mit künstlichen Astronauten des Typs Sojourner, der unlängst sehr erfolgreich den Mars erforscht hat. Amerikaner und Japaner wollen in naher Zukunft einen Roboter auf einem Kleinplaneten absetzen. Im Jahr 2002 soll die nur 378 Kilogramm schwere Raumsonde MUSES-C ein nur knapp ein Kilogramm schweres Fahrzeug zum Asteroiden Nerus befördern. Nach der Landung soll zunächst ein kleiner Torpedo abgeschossen werden. Die dabei emporgeschleuderten Gesteinstrümmer will man mit einer Art Netz einfangen und anschließend zur Erde bringen. Das nur 14 Zentimeter lange Fahrzeug soll über die Oberfläche des Kleinplaneten rollen, Bodenproben untersuchen und Fotos machen.

Roboter mit relativ bescheidenen Kosten in den Weltraum zu schicken und fremde Planeten erkunden zu lassen ist lohnend und finanzierbar. Gegen einen Roboter auf dem Mars oder sonst einem Planeten, der dort die Oberfläche untersucht, Messungen zur Atmosphäre vornimmt und die angesammelte Datenfülle zur Erde sendet, ist wohl kaum etwas einzuwenden.

Anders verhält es sich mit der bemannten Raumfahrt zu fernen Planeten oder Monden, die ja nicht grundlos seit den Mondflügen der Jahre 1969 bis 1972 ziemlich daniederliegt. So meinte schon vor einem halben Jahrhundert der Physiker Max Born, dass die bemannte Raumfahrt, die er bereits damals kommen sah, »einen Triumph des Verstandes, aber ein tragisches Versagen der Vernunft«

darstellen werde. Born missfiel an der bemannten Raumfahrt, dass die Abenteuerlust die wesentliche Triebkraft solcher Unternehmungen sei, Ausdruck einer verurteilenswerten Neugier und Verwegenheit. Max Born ging es um eine Bescheidung der Menschheit mit dem Ziel, zu einem wirklichen Frieden auf diesem Planeten zu finden. Dieser aber könne nur durch einen radikalen Verzicht auf weiteren technischen Fortschritt gelingen.

Heutzutage erscheinen uns die Argumente eines Max Born irgendwie weltfremd angesichts des immer schnelleren Tempos in Forschung und Technik. Der Mensch, so scheint es, kann nicht anders, als das Denkbare zu denken und alles Machbare auch zu machen, koste es, was es wolle. Es stellt sich hier natürlich die Frage, ob der uralte menschliche Zug zu Neugier und Abenteuer als etwas grundsätzlich Schlechtes zu werten ist. Albert Einstein hat einmal die physikalische Forschung als Abenteuer der Erkenntnis bezeichnet, und es ist gewiss schwierig, die enge Verwandtschaft von Abenteuerlust, wissenschaftlicher Neugier und Forscherdrang zu verleugnen. Forschen ist ohne Neugier undenkbar. Aber das gilt letztlich für jede Kulturleistung. Die Menschheit würde noch heute ihre Erde nicht kennen, wenn der Mensch keine Abenteuerlust hätte. Auch Max Born war klar, dass trotz seiner Warnung vor der bemannten Weltraumfahrt die Menschheit sich von diesem, seiner Ansicht nach vernunftwidrigen, Abenteuer nicht wird abbringen lassen. Die Freude am Abenteuer gehört zu den stärksten Antriebskräften des menschlichen Denkens und Handelns.

Bemannte Raumfahrt ist, im Vergleich zur unbemannten, aber extrem teuer. Hinzu kommt, dass der Erkenntnisgewinn bei bemannten Unternehmen ziemlich gering ist. So haben die Landungen von Menschen auf dem Mond wissenschaftlich kaum etwas eingebracht, was man durch die unbemannten Mondsonden nicht schon gewusst hätte. Für die physikalische Forschung jedenfalls sind bemannte Raumflüge unnötig. Satelliten arbeiten besser und billiger. Vor allem ist die bemannte Raumfahrt fast ausschließlich damit beschäftigt, das Überleben der Astronauten zu sichern.

Das sehen die Wissenschaftler und Planungsmanager der US-Raumfahrtbehörde NASA natürlich anders. Beflügelt vom Erfolg der Pathfinder-Mission fassen sie jetzt einen ersten bemannten Flug zum Mars sehr konkret und mit typisch amerikanischem Optimismus ins Auge. Nach ihrer Überzeugung werden in gut zwei Jahrzehnten die ersten Marsastronauten ihre Spuren im roten Marsstaub hinterlassen. Für sie sind die Roboteruntersuchungen nur Vorbereitungen für eine bemannte Mission. Als Jahrtausendprojekt betrachten sie die schrittweise Besiedlung unseres Nachbarplaneten. Allerdings sind die technischen Voraussetzungen für einen bemannten Marsflug derzeit noch nicht gegeben. Auch weiß vorerst niemand, wie Astronauten den mehrjährigen Flug körperlich und seelisch verkraften. Das für den Marsflug kritische Wissen soll deshalb vom Jahr 2003 an in einer internationalen Raumstation, genannt ISS, die die Erde umkreisen wird, erarbeitet werden. Allein der Bau dieser gigantischen Weltraumstation in 410 Kilometer Höhe, mit dem im Juni 1998 begonnen wurde, wird fast 200 Milliarden Mark verschlingen. Wenn sie fertig ist, wird sie eine Ausdehnung von 108 mal 74 Metern haben und ein Gewicht von mehr als 400 Tonnen. Um das Jahr 2010 könnte dann mit der Entwicklung von Antriebsstufen und Bordanlagen begonnen werden, um nach weiteren zehn Jahren den Start zum Mars durchzuführen. Ein großes Fragezeichen steht heute noch hinter der Finanzierung eines bemannten Marsflugs. Denn die Kosten hierfür werden buchstäblich astronomisch hoch sein: knapp eine Billion Mark, allerdings verteilt über fünfundzwanzig Jahre. Das erscheint dann wieder realistisch, da allein die USA schon heute etwa 45 Milliarden Mark pro Jahr für die Weltraumfahrt ausgeben.

Ziemlich sicher ist schon heute, dass ein Marsraumschiff nicht von der Erde aus starten würde, sondern von einer Erdumlaufbahn. Dort müsste es erst zusammengebaut werden. Denn für einen Start vom Erdboden wäre das vermutlich 2000 Tonnen schwere Raumschiff viel zu groß. Es gäbe dafür keine ausreichend starken Raketenantriebe, mit denen die Erdanziehung überwunden werden könnte. Um die Bauteile in die Erdumlaufbahn zu bringen, wären immerhin auch schon sehr große Raumtransporter nötig. Sie müssten in der Lage sein, 300 bis 400 Tonnen Nutzlast zu tragen. Die bislang leistungsfähigste Rakete der Welt, die Saturn 5 aus der Apollo-Zeit, schaffte nur etwa 125 Tonnen. Zurzeit gibt es diese Saturn-5-Raketen nicht einmal mehr. Die leistungsfähigsten Trägerraketen haben heute etwa 25 Tonnen Nutzlast. Schon am Projekt »Bemannter Marsflug« sieht man, wie schwierig und vor allem auch langwierig die Eroberung des Weltraums durch den Menschen sein wird, falls sie überhaupt stattfindet. Dabei befindet sich der Mars gewissermaßen vor unserer Haustür. Mit etwas Glück werden die Kinder und Jugendlichen von heute als alte Menschen miterleben können, wie sich die ersten Astronauten auf dem Mars bewegen. Doch dieses Erlebnis wird nicht aufregender sein als die ersten Fernsehbilder von Menschen auf dem Mond vor dreißig Jahren.

Blühende Landschaften – auf dem Mars und anderswo

Eine richtige, sich selbst erhaltende Marsbasis könnte nach diesem Zeitplan frühestens um das Jahr 2075 aufgebaut werden. Sie liegt also schon jenseits unserer Lebensspanne. Erleben werden wir die Marsbasis nicht mehr und blühende Gärten unter riesigen Plastikkuppeln wird es mit Sicherheit nicht vor dem Jahr 2100 geben.

Forschergehirne sind naturgemäß sehr kühn in ihren Gedankengängen und so wollen sie beim Jahr 2100 nicht stehen bleiben. Zum Beispiel spielen sie mit dem Gedanken, den lebensfeindlichen Mars langfristig in einen Planeten mit erdähnlichen Lebensbedingungen zu verwandeln. »Terraforming« nennt man dieses Vorhaben, wofür die Menschheit aber einige tausend Jahre benötigen würde.

Terraforming auf dem Mars würde allerdings die natürliche Mars-Umwelt zerstören. Davon abgesehen bliebe der Versuch, dem Mars eine erdähnliche Atmosphäre zu geben, problematisch genug. Vor allem wäre er technisch äußerst aufwendig und kostspielig. Umso einfacher ist Terraforming in der Theorie: Es müsste auf dem Mars im Grunde nur das erreicht werden, was der Mensch auf der Erde durch seine Zivilisation ganz von selbst erzeugt: ein Treibhauseffekt. Wo dieser auf der Erde mehr und mehr zu einer Gefahr wird, würde er auf dem Mars die Grundlage für die Existenz von Leben liefern. »Eine gut durchdachte Kombination der Treibhausgase Kohlendioxid, Fluorchlorkohlenwasserstoff und Ammoniak«, schreibt der Astronom Carl Sagan, »könnte die Oberflächentemperatur auf dem Mars so nahe an die Null-Grad-Grenze heranbringen, dass die nächste Phase des Terraforming beginnen kann: Temperaturen steigen wegen der großen Mengen Wasserdampf in der Luft weiter an, gentechnisch erzeugte Pflanzen und Tiere könnten auf dem Mars angesiedelt werden, bevor die Mars-Umwelt den Erfordernissen ungeschützter menschlicher Siedler entspricht.« Das klingt einfach, wäre aber mit ungeheurem technischen Aufwand und tausendjähriger Geduld verbunden.

Für die Zukunft der Menschheit wird sich zunehmend die Frage stellen, ob alles, was theoretisch machbar ist, auch wirklich gemacht werden soll. Diese Frage betrifft vor allem eine zukünftige bemannte Raumfahrt, die zum Ziel hat, unser Sonnensystem zu verlassen. Aber damit wäre ohnehin erst ab dem 22. Jahrhundert zu rechnen. Eine Kolonisierung des Weltraums wird nur dann stattfinden, wenn sich handfeste Interessen damit verbinden lassen. Aus reiner Abenteuerlust wird die Menschheit wahrscheinlich keine bemannten Raumschiffe zu fernen Sternen schicken. Auch hinter den großen Entdeckungsfahrten auf der Erde – ob durch Vasco da Gama, Marco Polo oder Kolumbus – steckten ganz nüchterne machtpolitische und wirtschaftliche Interessen. Solche Interessen dürften für eine bemannte Raumfahrt zu fernen Sternen kaum eine Rolle spielen. Von solchen Reisen würden die Astronauten wohl kaum etwas zur Erde zurückbringen, was hier von wirtschaftlichem oder politischem Nutzen wäre. Wegen der unvorstellbar großen Entfernungen bliebe es fraglich, ob an eine Rückkehr der Astronauten überhaupt zu denken wäre.

So bleibt im Grunde nur ein einziges Argument für eine Kolonisierung des Weltraums übrig: dass mit der Bildung von Kolonien auf anderen Welten die Überlebenschancen der Gattung Mensch auf lange Sicht verbessert werden könnten. Denn unser »Raumschiff« Erde bewegt sich durchaus nicht gefahrlos durch das Sonnensystem. Es besteht immer die Gefahr einer planetarischen Katastrophe, mag sie auch noch so gering sein, zum Beispiel durch einen Zusammenstoß der Erde mit einem großen Meteoriten oder Kometen, die zahlreich und zum Teil auf ziemlich chaotischen Bahnen durch unser Sonnensystem fliegen.

Ein großer Meteorit könnte alles Leben auf der Erde vernichten

Mag die Wahrscheinlichkeit eines Zusammenpralls mit einem Riesenmeteoriten auch noch so gering sein – ganz auszuschließen ist er nicht. Vor allem ist zu bedenken, dass solche Katastrophen in der Erdgeschichte immer wieder stattgefunden haben und Klima, Pflanzen- und Tierwelt einschneidend veränderten. Gewaltige Brände vernichteten fast die ganze Vegetation auf der Erde, die Staubwolke der Einschlagexplosion verdunkelte über Monate oder Jahre den Himmel und ließ die Temperaturen auf der Erde rapide absinken. Wolkenbrüche aus ätzenden Säuren ergossen sich, die schützende Ozonschicht wurde weitgehend zerstört.

Täglich wird die Erde von einem Schauer kleinster Gesteinsbrocken getroffen. Doch diese richten keine Schäden an, da sie – als Sternschnuppen – zumeist in der Atmosphäre verglühen. Je größer solche Brocken sind, umso seltener sind sie auch. Man geht davon aus, dass in mehreren hundert Jahren nur ein einziges Objekt von rund fünfzig bis siebzig Meter Durchmesser auf die Erde prallt.

Im Jahr 1908 stürzte vermutlich ein Objekt dieser Größenordnung in ein sibirisches Waldgebiet mit Namen Tunguska. Es zerbarst in einer gewaltigen Explosion, bevor es den Boden erreichte, und hinterließ deshalb keinen Einschlagkrater. Doch im Umkreis von mehreren Kilometern waren die Wälder verwüstet. Berechnungen ergaben, dass es sich hierbei um einen etwa fünfzig Meter großen Asteroiden gehandelt haben muss, dessen Explosion die Kraft einer mittelstarken Atombombe hatte.

Rein statistisch wird die Erde alle zehntausend Jahre von einem etwa zweihundert Meter großen Asteroiden getroffen. Der Einschlag eines Objekts dieser Größe würde schwerwiegende, vor allem klimatische Folgen für die Einschlagregion haben. Andererseits darf man nicht vergessen, dass drei Viertel der Erde von Wasser bedeckt sind und die meisten Asteroiden somit auf den Meeren niedergehen. Doch ein Einschlag im Meer hätte ebenfalls schlimme Folgen, zumal in Küstennähe. Eine gewaltige Flutwelle würde die Küstengebiete heimsuchen. Erst jetzt fanden Wissenschaftler heraus, dass vor 2,15 Millionen Jahren etwa 1500 Kilometer südwestlich der chilenischen Küste ein Meteorit von mindestens einem Kilometer Durchmesser ins Meer fiel. Dabei muss eine Flutwelle von einigen hundert Meter Höhe entstanden sein. Der Brocken war mit 70 000 Kilometern pro Stunde dahingerast. Der Einschlagtrichter im Wasser war etwa vier Kilometer tief und reichte nahezu bis zum Meeresgrund. Die Flutwelle wälzte sich mit 200 Kilometern pro Stunde auf die Küste zu.

Einmal in einer Million Jahren ist der Zusammenstoß mit einem Objekt von zwei bis fünf Kilometer Durchmesser zu erwarten. Die Explosion hätte in einem solchen Fall die Sprengkraft von einer Million Tonnen herkömmlichen Sprengstoffs. Das wäre die hundertfache Sprengkraft aller Kernwaffen, die derzeit auf der Erde vorhanden sind. Eine derartige Explosion würde zu einer weltweiten Klimakatastrophe führen und den Großteil der Menschheit vernichten.

Noch mächtigere Asteroiden mit einer Größe von fünf bis zehn Kilometer Durchmesser stürzen höchstens einmal in hundert Millionen Jahren auf die Erde. Der vorläufig letzte Zusammenstoß in dieser Größenordnung war vermutlich der, der vor 65 Millionen Jahren die mexikanische Halbinsel Yucatán traf und ein gigantisches Artensterben auf der Erde auslöste, dem die Dinosaurier zum Opfer fielen. Der Meteorit hinterließ einen Krater von hundert Kilometer Durchmesser. Man schätzt, dass damals innerhalb von Minuten hundert Milliarden Tonnen Schwefel freigesetzt wurden. Das entspricht jener Menge, die alle irdischen Vulkane zusammen während tausend Jahren in die Atmosphäre blasen.

Es gibt trotzdem keinen Grund, die Zukunft unserer Erde allzu düster zu sehen. Denn eine Million Jahre sind eine lange Zeit. Unsere Zivilisation ist gerade mal zehntausend Jahre alt und während dieser Zeit hat ein die Menschheit bedrohender Asteroideneinschlag nicht stattgefunden. Andererseits könnte gerade diese Tatsache Pessimisten veranlassen, einen solchen Einschlag für immer wahrscheinlicher zu halten. Als Untermauerung ihrer pessimistischen Sicht könnten sie den Jupiter heranziehen. Denn auf diesem Planeten ging erst vor kurzem ein Objekt dieser Größenordnung nieder. Das erinnert uns daran, dass solche Zusammenstöße jederzeit passieren können. Bei Jupiter ist die Wahrscheinlichkeit von Zusammenstößen mit großen Himmelskörpern allerdings viel größer als bei der Erde. Als Riesenplanet übt er eine wesentlich größere Anziehungskraft auf vagabundierende Himmelsobjekte aus.

Man hat errechnet, dass große Asteroiden oder Kometen mit mehreren Kilometer Durchmesser durchschnittlich einmal in tausend Jahren auf Jupiter einschlagen. Ein solcher Einschlag ereignete sich im Jahr 1994 und versetzte die Astronomen in helle Aufregung. Es war der erste Zusammenstoß dieser Größenordnung seit der Erfindung des Teleskops. Etwas Vergleichbares hatte man noch nie durch ein Fernrohr beobachten können.

Es war der Komet Shoemaker-Levy, der dem Jupiter zu nahe kam und von den Gezeitenkräften des Riesenplaneten in über zwanzig Teile zerrissen wurde. Die stürzten nacheinander auf den Planeten und explodierten unter gewaltiger Energiefreisetzung. Besonders der Einschlag des Teilstücks G konnte mit den modernen Großteleskopen sehr genau beobachtet werden. Selbst Hobbyastronomen sahen mit ihren kleinen Teleskopen die Rauchwolken, die der Einschlag hinterließ.

Der Brocken G soll einen Durchmesser von zwei bis drei Kilometern gehabt haben. Seine Explosion hinterließ Spuren in einem Gebiet von rund 26 000 Kilometer Durchmesser. Sie hatte eine Energie von etwa zehn Millionen Megatonnen herkömmlichen Sprengstoffs oder 800 Millionen Hiroshima-Atombomben. Die Einschläge haben die Chemie der Jupiter-Atmosphäre ziemlich durcheinander gewirbelt; sie wird vermutlich über Jahre gestört bleiben. In der Druckwelle der Explosion wurden alle Moleküle in ihre Atome zerlegt. Anschließend bildeten sich neue Moleküle, jedoch von anderer chemischer Zusammensetzung als zuvor. Beispielsweise entstanden allein hundert Millionen Tonnen Kohlenmonoxid (CO).

Die Erde verlassen, bevor sie unbewohnbar wird

Die Jupiter-Katastrophe ist ein gutes Argument für jene Wissenschaftler, die für den Ausbau der bemannten Raumfahrt eintreten. Die Menschheit, so sagen sie, soll im Sonnensystem und darüber hinaus Kolonien bilden, um so den Fortbestand der Gattung auch für den Fall zu sichern, dass die Erde durch einen Asteroidenaufprall unbewohnbar würde. In den Genuss der Rettung kämen allerdings nur wenige Auserwählte, während die große Mehrheit wie einst die Saurier zum Untergang bestimmt wäre. Es wäre gewiß nur ein schwacher Trost für die Untergehenden, zu wissen, dass der Mensch als Gattung anderswo fortbestehen würde.

Natürlich gibt es längst Entwürfe für bemannte Raumschiffe, die Mannschaften zu fernen Sternen tragen könnten, um sich dort eine neue Bleibe zu suchen, nachdem die Erde unbewohnbar geworden ist. Eines dieser Projekte heißt Orion. Hierbei handelt es sich um ein Raumschiff, das durch kontrollierte Wasserstoffbombenexplosionen angetrieben würde. Die Entwicklung dieses technisch durchaus machbaren Großraumschiffes mit Atomantrieb wurde von den USA zunächst ernsthaft verfolgt. Nach der Unterzeichnung des internationalen Verbots von Kernwaffenzündungen im Weltraum musste das Projekt jedoch eingestellt werden.

Einen anderen Entwurf legte die Britische Interplanetarische Gesellschaft vor. Deren Projekt trägt den Namen Daedalus. Angetrieben würde dieses Raumschiff nicht durch Wasserstoffbombenexplosionen, sondern durch einen Kernverschmelzungsreaktor. Einen solchen gibt es allerdings noch gar nicht, obwohl seit Jahrzehnten daran gearbeitet wird. Sowohl Orion als auch Daedalus könnten etwa zehn Prozent der Lichtgeschwindigkeit erreichen. Ein Flug zum 4,3 Lichtjahre entfernten Stern Alpha Centauri, einem der am nächsten gelegenen Sterne überhaupt, würde also 43 Jahre dauern. Aber wer will schon dreiundvierzig Jahre in einem Raumschiff verbringen, ohne die Gewissheit zu haben, dass er das Erreichen des Ziels noch erlebt, und ohne zu wissen, ob es am Ziel einen geeigneten Lebensort gibt? Eine Rückkehr zur Erde wäre für die Mannschaft unmöglich, denn dafür reichte die Lebensspanne nicht aus, es sei denn, man könnte den Alterungsprozess künstlich verlangsamen. Die Science-Fiction behilft sich hier mit der Einfriermethode: Die Astronauten werden in einen Tiefkühlschlaf versetzt und kurz vor Erreichen des Ziels wieder aufgetaut und geweckt. Rein technisch wäre das wahrscheinlich möglich, denn gesteuert würde so ein modernes Raumschiff ohnehin von Computern.

Es bleibt trotzdem die Frage, welchen Sinn solche Raumflüge ohne Rückkehr haben sollten. Sie wären nur dann sinnvoll, wenn es tatsächlich gelänge, auf Planeten ferner Sterne menschliche Kolonien zu gründen, die in der Lage wären, sich selbstständig zu erhalten. So etwas scheint aber nur denkbar, wenn es gelänge, lichtschnelle Raumschiffe zu bauen. Dann könnte man schon nach viereinhalb Jahren das System Alpha Centauri erreichen und hätte viel mehr Zeit, eine Kolonie aufzubauen oder, falls nötig, nach einem anderen Stern mit einem bewohnbaren Planeten zu suchen beziehungsweise zur Erde zurückzukehren.

Raumschiffe, die annähernd mit Lichtgeschwindigkeit fliegen, sind, wenn überhaupt, in den nächsten tausend Jahren wohl kaum zu bauen. Pläne hierfür gibt es trotzdem schon. Es handelt sich dabei um Raumschiffe mit so genannten Staustrahltriebwerken. Diese würden im Prinzip so funktionieren, dass die zwischen den Sternen dahintreibende Wasserstoffmaterie eingefangen und in eine Kernverschmelzungsanlage des Raumschiffs geleitet wird, um dann nach hinten ausgestoßen zu werden. Die Sache hat aber mindestens einen Haken: Im Weltraum trifft man nur ein einziges Wasserstoffatom auf zehn Kubikzentimeter Rauminhalt. Um genügend Wasserstoffatome einfangen zu können, benötigte ein solches Raumschiff eine schaufelartige Vorrichtung von einigen hundert Kilometer Breite.

Ein weiteres Problem eines theoretisch angenommenen lichtschnellen Raumschiffs wäre die Beschleunigung. Sie dürfte nicht allzu groß sein, damit die Insassen von den Fliehkräften nicht zerrissen werden. Bei solchen Flügen kämen somit zur reinen Reisezeit mit Lichtgeschwindigkeit auch noch sehr lange Beschleunigungs- und Abbremszeiten hinzu.

Die unvorstellbar großen Entfernungen zwischen den Sternen ließen im Grunde sowieso, wenn überhaupt, nur Generationensprünge von einem Stern zum nächsten zu. Denn zuerst müsste sich eine Raumschiffeinheit, die auf einem bewohnten Planeten landete, dort eine Zivilisation aufbauen, ehe weitere Raumschiffe weitere Sprünge zu neuen Sternen wagen könnten. Die außerirdische Menschheit würde sich gewissermaßen hüpfend von Stern zu Stern in der Galaxis verstreuen und dabei ein immer dichter werdendes und sich immer schneller verzweigendes Netz menschlicher Kolonien über die Milchstraße ausbreiten. Mit dieser Methode des »Planetenhüpfens« könnte in weniger als einer Million Jahren die ganze Galaxis kolonisiert werden, wenn man zugrunde legt, dass es in ihr etwa eine Milliarde Planeten gibt, die für eine Besiedlung infrage kämen. Ob diese Zahl stimmt, wissen wir freilich nicht.

Eines allerdings wissen wir sicher: Einen Raumschiffsprung des Menschen von der Milchstraße zu einer anderen Galaxie wird es niemals geben. Hundert Milliarden dieser kosmischen Großwelten sind der Menschheit für immer verschlossen. Es gibt sie, aber es gibt sie nicht für uns. Selbst mit einem Superraumschiff, das tausendmal schneller wäre als das Licht, bräuchte man zur nächsten Galaxie immer noch mehr als zweitausend Jahre. Doch das Licht zieht ohnehin eine unüberwindliche Grenze des Machbaren. Wir leben auf einer galaktischen Insel, die wir niemals verlassen können.

Doch wer weiß, ob andere intelligente Bewohner der Milchstraße nicht längst mit deren Kolonisierung begonnen haben? Vielleicht sind wir viel zu spät dran mit unserer Zivilisation. Nur eins wissen wir: dass die Außerirdischen, falls es sie geben sollte, bis jetzt noch nicht auf uns gestoßen sind. Es gibt nicht die entfernteste Andeutung irgendeines außerirdischen intelligenten Lebens. Das ist eine Tatsache, an der es nichts zu rütteln gibt. Auch die unzähligen UFO-Berichte ändern daran nichts. Der Beweis steht noch aus, dass irgendein unbekanntes Flugobjekt das Flugobjekt von Unbekannten war.

Einige Wissenschaftler meinen sogar, dass zumindest unsere Galaxis außer uns kein intelligentes Leben mehr birgt. Gäbe es ein solches, so hätte es Zeit genug gehabt, eine Raumfahrt zu fernen Sternen zu unternehmen. Es müsste deshalb bereits in unserem Sonnensystem aufgetaucht sein. Da die Außerirdischen noch immer nicht da sind, muss das als Zeichen gedeutet werden, dass es sie gar nicht gibt.

Gegen diese These stehen die zahllosen Berichte über unbekannte Flugobjekte, die von vielen für Raumschiffe von Außerirdischen gehalten werden. Mögen auch einige dieser Beobachtungen äußerst rätselhaft sein, so sind sie doch allesamt keine Beweise für die Existenz außerirdischer Besucher. Vom Standpunkt strenger Wissenschaftlichkeit ist die Sache mit den UFOs eine Glaubenssache. Selbst angesehene internationale UFO-Forschungsorganisationen wie CUFOS oder MUFON haben bislang keine Beweise vorlegen können.

Namen- und Sachregister

Bildnachweis

Alle Fotos inkl. Umschlag wurden von der *Astrofoto Bildagentur* in Leichlingen zur Verfügung gestellt. Der Abdruck erfolgt mit freundlicher Genehmigung.

Die sonstigen Abbildungen im Buch wurden – bis auf die nachstehenden Ausnahmen – sämtlich von *Michael Keller*, München gezeichnet.

Die drei Zeichnungen auf den Seiten 162 und 163 stammen von *Marianne Collins* und wurden dem im Carl Hanser Verlag erschienenen Buch »Zufall Mensch« von Stephen Jay Gould entnommen.

Anmerkung

Dieses Buch enthält nur wenige ausgewählte Bilder. Heute ist es möglich, die neuesten Fotos aus dem Weltraum direkt per Internet bei der NASA oder auch bei der European Organisation for Astronomical Research in the Southern Hemisphere in Garching bei München abzurufen. Es ist faszinierend, diese Bilder in erstklassiger Qualität auf dem Bildschirm zu betrachten. Wer also nach mehr Bildern sucht, der sollte es unter den nachstehenden Internet-Adressen versuchen. Hier gibt es auch alle neuesten Nachrichten, die vielleicht über das Buch hinausgehen, aber zu deren Verständnis das Buch eine wichtige Grundlage schafft.

NASA

http://www.nasa.gov

European Southern Observatory (ESO)
über:
European Organisation for Astronomical Research in the
Southern Hemisphere, Garching

http://http.hq.eso.org/eso-homepage.html

Das *Leben* –
ein Zufallsspiel der *Gene* ?

232 Seiten. Mit vielen Zeichnungen und Farbtafeln
sowie einem ausführlichen Register. Gebunden
Fadenheftung. www.hanser.de

In letzter Zeit überschlagen sich die Nachrichten aus der
Forschung über den Bauplan und die Entwicklung unseres
Lebens. Evolutionsgeschichte, Entschlüsselung der Gene und
Erforschung des Gehirns – drei brisante Wissenschaftsbereiche
stehen im Zentrum des neuen Buchs von Gerhard Staguhn.
Mal geht es um die Entdeckung frühester Lebensspuren, mal
um die Frage, wann der erste Mensch geklont wird. Spannend
und verständlich beschreibt Staguhn die Ergebnisse der heutigen
Bio-Wissenschaften und erklärt, wie es um die Vorteile und
Gefahren für den Menschen steht.